无人机系统词汇
（汉英对照）

胡应东　张小林　主编

西北工业大学出版社

西　安

【内容简介】　　随着国内无人机产业的快速发展，特别是消费级无人机和轻小型无人机国际市场份额的增长，无人机领域的国际交流及合作日益扩大和活跃。本书系统地汇集了无人机系统全生命周期常见词汇，规范了其英文表述。

　　本书在内容选取上注重系统性、实用性，编排上分级分类，方便读者使用，并充分考虑无人机行业习惯。本书可作为无人机系统专业从业者、大专院校及培训机构学生的工具书，也可作为无人机爱好者的参考资料。

图书在版编目（CIP）数据

无人机系统词汇：汉英对照/胡应东，张小林主编
. 一西安：西北工业大学出版社，2023.12
　　ISBN 978-7-5612-9022-4

　　Ⅰ. ①无⋯　Ⅱ. ①胡⋯　②张⋯　Ⅲ. ①无人驾驶飞机
-词汇-汉、英　Ⅳ. ①V279-61

中国国家版本馆CIP数据核字（2023）第179380号

WURENJI XITONG CIHUI（HANYING DUIZHAO）

无人机系统词汇（汉英对照）

胡应东　张小林　主编

责任编辑：刘　敏　李阿盟		**策划编辑**：杨　军	
责任校对：张英哥　杨　兰		**装帧设计**：李　飞	

出版发行　西北工业大学出版社

通信地址　西安市友谊西路 127 号　　　　　邮编：710072

电　　话　（029）88491757，88493844

网　　址　www.nwpup.com

印　刷　者　西安浩轩印务有限公司

开　　本　710 mm×1 020 mm　　　　　1/16

印　　张　19.5

字　　数　349 千字

版　　次　2023 年 12 月第 1 版　　　2023 年 12 月第 1 次印刷

书　　号　ISBN 978-7-5612-9022-4

定　　价　88.00 元

编写人员名单

主　编：胡应东　张小林

副主编：张剑锋　胡永红　吕　品　张士刚

编　者：（按姓氏笔画排序）

马　震　王久元　王雨薇　王　亮　王　薇

车嘉兴　吕欣媛　吕　品　刘润苊　孙玉龙

杜　娟　李丽锦　李厚春　肖　阳　张士刚

张小林　张　岩　张泽京　张剑锋　张　晨

张福彪　陈梦樵　郁新华　罗　旭　荆佳玮

胡永红　胡应东　胡　博　侯　磊　贾彩娟

徐一新　翁凯欣　唐　瑭　曾　芳　潘计辉

前　言

　　信息技术与其他新技术在广度和深度上的融合发展，为无人机功能日趋多样、性能不断提升提供了坚实的基础。无人机高调的战场亮相及出色的作战效果使其进一步得到高度关注，越来越多的行业应用及特殊环境下无可替代的优势使其进一步得到广泛认同，其应用由单一军事领域快速扩展到了民用和军民融合领域。

　　近年来，我国无人机技术和产业快速发展，国家及地方政府出台了一系列促进无人机产业发展的法律、法规和制度，旨在稳固推进无人机产业发展及快速安全融入国家空域。无人机在相关技术领域取得了突破，并得到了创新性应用。无人机产品特别是轻小型无人机呈爆发式发展，工业级无人机正在逐步形成竞相发展的态势。无人机新的市场不断涌现，需求不断扩大。无人机产业链不断健全，社会资本对其兴趣不断提高，新型高新技术企业不断增多，机制更加灵活，市场反应更快，逐步形成了完善的产品配套体系。

　　我国无人机产品在世界上的影响不断扩大，特别是消费类无人机产品在世界市场上占据绝对优势，轻小型无人机也占有较高份额。无人机领域相关非政府组织在技术、产品及标准等方面的国际合作，进一步扩大了我国无人机的全球影响力。"一带一路"倡议也给中国无人机走向世界带来新的机遇。

　　无人机领域国际交流日益频繁，目前市面上鲜见无人机专业及行业中系统规范的词汇中英文对照资料，在技术合作、产品贸易、商务交流中难免会出现偏差和误解。为弥补此空缺，本书旨在建立系统、规范、准确的无人机相关术语及词汇的中英文对照，为无人机各种国际交流提供支持。

　　本书在内容选取和结构编排上注重规范性、准确性、系统性、实用性和方便性，从使用者的视角，以方便、快捷使用为目标。在内容上，本书包含了无人机系统全生命周期涉及词汇的中英文对照：一方面按无人机系统组成进行系统性梳理，汇集系统、分系统、部件、组件涉及的计算、仿真、建模、硬件、软件、试验、制造、使用、维护等词汇，层次分明；另一方面结合无人机行业相关法律法规、标准等要求，汇集无人机系统从论证到使用各阶段管理类词汇。词条主要内容包括无人机系统综合术语、无人机系统总体、无人机平台、动力装置、飞行控制与导航、航空电子与电气、数据链、地面指挥控制、任务载荷、维护及保障、试验及飞行等，全书编排既符合行业标准与规范，又易于理解，方便使用。

本书参编人员是国内从事无人机及相关行业的具有多年无人机行业管理、设计、制造、试验及飞行、市场营销经历的研究员、高级工程师、博士、硕士、学术专业带头人等，他们具备丰富的无人机系统从业经验和扎实的专业基础，并熟练掌握英语。本书编写贯彻学术作风规范严谨、汉英对照科学准确、查找检索方便实用的指导思想和创作思路。

本书可作为无人机系统专业从业者、大专院校及培训机构学生的工具书，也可作为无人机爱好者的参考资料。

在编写本书的过程中，中国航空综合技术研究所舒振杰副总师（俄罗斯自然科学院外籍院士，SAC TC435/SC1无人机分标委秘书长）从框架搭建到词汇选取均给予了悉心指导，并提出了建设性意见，在此特别表示衷心的感谢。

翁凯欣在本书编排中做了大量工作，付出了许多努力和劳动，在此表示衷心感谢。

赖际舟、张健等也为本书编写做出了贡献，在此一并表示感谢。

感谢西北工业大学出版社策划中心主任杨军的鼎力支持，感谢责任编辑刘敏、李阿盟的辛勤付出。

在编写本书的过程中，参考了国内外相关的文献资料，在此谨对原作者表示诚挚的谢意！

由于无人机不断发展，不断会出现新术语及新词汇，所以笔者认识和收集范围有限，表述难免会有疏漏及不当之处，敬请广大读者批评指正。

编　者

2023年8月

总　目

凡　例

1. 正文内容按全部词条音序排列，词条的第一字的音、调、笔画、笔顺均相同时，按第二字的音、调、笔画、笔顺排列，以此类推。以拉丁字母开头的词条，按音序集中编排在正文每部分的最前面。

2. 词条名称通常是词或词组，例如"无人机系统""方案论证""发动机试车"。

3. 每个词条名称上方加注词条汉语拼音（未注声调），与词条对应。

4. 各部分词条尽量不重复。

5. 为了方便读者查阅词条，本书设有中文索引和英文索引。

6. 本书所用词条名称以国家自然科学名词审定委员会、国家标准等公布的为准，未经审定和统一的，从行业习惯。

7. 本书所用汉字，以国家语言文字工作委员会1986年10月重新发布的《简化字总表》为准。

8. 本书所用数字，以中华人民共和国国家标准《出版物上数字用法的规定》GB/T15835—2011为准。

中 文 索 引

D

E

F

H

21

J

M

R

S

Y

英 文 索 引

B

E

F

G

J

K

L

M

N

O

P

S

Y

Z

andingmian
安定面　stabilizer

andingmian peiping
安定面配平　stabilizer trim

anquan
安全　safety

anquan bianjie
安全边界　safety margin

anquan feixing gaodu
安全飞行高度　safety altitude

anquan fenli
安全分离　safety departure

anquan guanjian ruanjian
安全关键软件　safety critical software

anquan huishou
安全回收　safety recovery

anquan moshi
安全模式　safety mode

anquan renzhi gongcheng
安全认知工程
safety cognitive engineering

anquan shouming
安全寿命　safe life

anquan xishu
安全系数　safety factor

anquan xinxi
安全信息　safety information

anquan zhuansu
安全转速　safe rotating speed

anzhuang yuanli
安装原理　installation principle

anzhuang zhuyi shixiang
安装注意事项
installation considerations

babiao
靶标　target

baji
靶机　target drone

baizaosheng
白噪声　white noise

baidu
摆渡　ferry

baidu feixing
摆渡飞行　ferry flight

baizhen
摆振　shimmy

ban
板　plate

banlianjie
板连接　panel joining

banpohuai
板破坏　panel damage

banzhuangji shiyan
板撞击试验　plate impact test

banjin
钣金　sheet metal

banjinjian
钣金件　sheet metal parts

banbo zhengliuqi
半波整流器　half-wave rectifier

banshiwu fangzhen
半实物仿真
hardware-in-the-loop simulation

banshiwu shebei
半实物设备
hardware-in-the-loop facility

banwuli fangzhen
半物理仿真　semi-physical simulation

banyizhan moxing
半翼展模型　semi-span model

banyingkeshi jiegou
半硬壳式结构　semi-monocoque

banzhudong daoyin
半主动导引　semi-active guidance

banzhudong daoyintou
半主动导引头　semi-active seeker

banzidong feixing
半自动飞行　semi-automatic flight

baoluo jianbo
包络检波　envelope detection

baoluo jianboqi
包络检波器　envelope detector

baozhuang, zhuangxie, chucun he yunshu
包装、装卸、储存和运输
packing, handling, storage, transportation

baobi jiegou
薄壁结构　thin-walled structure

baobi jiegougan
薄壁结构杆　thin-walled structure bar

baobiliang
薄壁梁　thin-walled beam

baobi qiaoti
薄壁壳体　thin-walled shell

baomo
薄膜　thin film

baohu gongneng
保护功能　protection function

baohu guzhang
保护故障　protected fault

baohu jishu
保护技术　protection technique

baoxian luoshuan
保险螺栓　lock bolt

baozhang
保障　assurance

baozhang sheshi
保障设施　support facility

baozhangxing
保障性　supportability

baozhangxing fenxi
保障性分析　supportability analysis

baozhang ziyuan
保障资源　support resource

baojing xitong
报警系统　alerting system

baolu juli
暴露距离　exposure distance

baolu shiyan
暴露试验　exposure test

beidou daohang xitong
北斗导航系统
beidou navigation satellite (BDS) system

Beier-Xile sifu xiaoyi
贝尔-希勒伺服小翼
Bell-Hiller stabilizer bar

beifen dianyuan
备份电源　backup power supply

beijian guanli
备件管理　spares management

beijian yuce
备件预测　spares forecasting

beijiangchang
备降场　alternate

beiyong dianyuan
备用电源　standby power

beiyong jichang
备用机场　alternate aerodrome

beiyong ranyou
备用燃油　reserve fuel

beijing shuju
背景数据　background data

beiqi
背鳍　dorsal fin

beipin
倍频　frequency doubling

beidong ceshi
被动测试　passive test

beidong rejiaohuan
被动热交换　passive heat exchange

beidong zhidao
被动制导　passive guidance

beidong zuni
被动阻尼　passive damping

bendi zhendangqi
本地振荡器　local oscillator

beng gongji xitong
泵供给系统　pump feed system

benglingjian
泵零件　pump element

bichongliang
比冲量　specific impulse

bigonglü
比功率　specific power

bihaoyoulü
比耗油率　specific fuel consumption

bijiaoqi
比较器　comparer

bili daoyin
比例导引　proportional navigation

bili jifen weifen
比例积分微分
proportional integral derivative (PID)

bili jifen weifen kongzhi suanfa
比例积分微分控制算法
PID control algorithm

bikou jiemian baobi gan
闭口截面薄壁杆　closed thin-walled bar

bikou jiemian baobi jiegou gan
闭口截面薄壁结构杆
closed thin-walled structure bar

bikou jiemian baobi liang
闭口截面薄壁梁　closed thin-walled beam

bichixing mifeng zhuangzhi
篦齿形密封装置　labyrinth seals

biban houdu
壁板厚度　wall thickness

bimianli
壁面力　wall force

bizhang

避障　obstacle avoidance

bizhang jiesuan chuliqi

避障解算处理器

obstacle avoidance processor

bianjieceng kongzhi

边界层控制　boundary layer control

biantiaoyi

边条翼　strake wing

biandui feixing

编队飞行　formation flight

biandui feixing kongzhi

编队飞行控制　formation flight control

biandui guanli

编队管理　formation management

biandui jihe zhongxin

编队几何中心　formation geometry center

biandui weihu

编队维护　formation maintenance

bianma

编码　coding

bianmaqi

编码器　encoder

bianma zengyi

编码增益　coding gain

bianjihe penguan

变几何喷管　variable geometry nozzle

bianjiemian guandao

变截面管道　variable area duct

bianyaqi

变压器　transformer

bianya zhengliu danyuan

变压整流单元

transformer rectifier unit (TRU)

bianya zhengliuqi

变压整流器　transformer rectifier

bianxieshi kongzhi danyuan

便携式控制单元　portable control unit

biaoyupai

标语牌　placard

biaozhideng

标志灯　logo lights

biaozhun daqiya

标准大气压

standard atmospheric pressure (QNE)

biaozhun daochang hangxian

标准到场航线

standard terminal arrival route

biaozhunhua

标准化　normalization

biaozhun yibiao lichang

标准仪表离场

standard instrument departure (SID)

biaomian baohu tuliao

表面保护涂料

surface protective coating

biaomian cucaodu
表面粗糙度　surface roughness

biaomian cucaodu zuli
表面粗糙度阻力
surface roughness resistance

biaomian moca
表面摩擦　skin friction

biaomian moca yinshu
表面摩擦因数　skin friction coefficient

biaomian qianghua
表面强化　surface enhancement

biaomian qinshi
表面侵蚀　surface erosion

biaomian tezheng
表面特征　surface characteristic

biaomian tuceng
表面涂层　coated surface

biaomian wendu
表面温度　surface temperature

biaomian wendingxing
表面稳定性　surface stability

biaomian yali
表面压力　surface pressure

binglie
并列　abreast

boduan
波段　wave band

boshu
波束　beam

boshu tianxian
波束天线　beam antenna

bowenguan
波纹管　corrugated tube

boxing sheji
波形设计　waveform design

boligang
玻璃钢　fiber glass

boli xianwei
玻璃纤维　glass fiber

bukeni guocheng
不可逆过程　irreversible process

buwendingxing
不稳定性　instability

bujin dianji
步进电机　stepper motor

cailiao biaomian gaixing
材料表面改性
material surface modification

cailiao chongji sunshang
材料冲击损伤　material impact damage

cailiao fuzaxing
材料复杂性　material complexity

cailiao jianrongxing
材料兼容性　material compatibility

cailiao qingdan
材料清单　bill of materials

cailiao shixiao
材料失效　material failure

cailiao shiyan
材料试验　material test

cailiao texing
材料特性　material characterization

cailiao xiangying
材料响应　material response

cailiao xingzhi
材料性质　material property

cailiao xuqiu
材料需求　material requirement

cailiao xuqiu jihua
材料需求计划
material requirement planning

cailiao xuanze
材料选择　material selection

cailiao zhufangxiang
材料主方向　principal material direction

cailiao zhuzhou
材料主轴　principal material axis

caizhi xuanding
材质选定　materials selection

caigou
采购　procurement

caiyangdian
采样点　sampling point

caiyang fang'an
采样方案　sampling plan

caiyang jieguo
采样结果　sampling result

caiyang pinlü
采样频率　sampling frequency

caiyang sulü
采样速率　sampling rate

cankao cailiao
参考材料　reference material

cankao guanli
参考管理　reference management

canshu ceshi
参数测试　parameter test

canshu fenxi
参数分析　parameter analysis

canshu guji
参数估计　parameter estimation

canshu zonghe xianshi
参数综合显示
parameter comprehensive display

cancha
残差　residual

canyu yingli
残余应力　residual stress

cang
舱　cabin

cangmen
舱门　cabin door

cangmen fangzhi
舱门放置　cabin door placement

cangmen qudongqi
舱门驱动器　cabin door driver

cangti
舱体　shelter body

caokong moshi
操控模式　control mode

caozong daoshu
操纵导数　control derivative

caozong he shiyong xingneng
操纵和使用性能
control and handling quality

caozongmian
操纵面　control surface

caozongpian
操纵片　control tab

caozong xiangying
操纵响应　control response

caozong xiangying ceshi
操纵响应测试　control response test

caozong xiaolü
操纵效率　control efficiency

caozuo moxing
操作模型　operational model

caozuo tiaojian
操作条件　operation condition

caozuo xingneng
操作性能　operational performance

caozuo yaoqiu
操作要求　operational requirement

caozuo yingxiang
操作影响　operational impact

caozuoyuan jiemian
操作员界面　operator interface

caozuo yuanli
操作原理　operation principle

caozuo zhuyi shixiang
操作注意事项
operational considerations

cefei
侧飞　sideward flight

cefeng
侧风　cross-wind

cehuajiao
侧滑角　side slip angle

cehua zhuanwan
侧滑转弯　skid-to-turn

cexiang tufeng zaihe
侧向突风载荷　lateral gust load

cezhengliuzhao
侧整流罩　side cowling

cezhizhu
侧支柱　side strut

cejiao
测角　angle measurement

ceju
测距　distance measurement

ceju huibo
测距回波　distance measurement echo

ceju jibo
测距基波
distance measurement basic wave

ceju jingdu
测距精度
distance measurement precision

ceju maichong
测距脉冲　distance measurement pulse

ceju wucha
测距误差　distance measurement error

ceju wucha fenxi
测距误差分析
distance measurement error analysis

ceju yuanli
测距原理
distance measurement principle

ceju zhuangzhi
测距装置
distance measuring equipment

celiang
测量　measurement

celiang fanwei
测量范围　measurement range

celiang jishu
测量技术　measurement technique

celiang shebei
测量设备　measurement facility

celiang xitong
测量系统　measurement system

ceshenyi
测深仪　depth-sounder

ceshi biaozhun
测试标准　test standard

ceshi canshu
测试参数　test parameter

ceshi fangfa
测试方法　test method

ceshi hanshu
测试函数　test function

ceshihou chengxu
测试后程序　post-test procedure

ceshi jishu
测试技术　test technique

ceshiqu
测试区　test section

ceshi shuju huigu
测试数据回顾　test data review

ceshitai
测试台　test facility

cexiangyi
测向仪　direction finder

cengheban
层合板　laminate

cengheban canshu
层合板参数　laminate parameter

cengheban lilun
层合板理论　laminate theory

cengheban youhua
层合板优化　laminate optimization

cengliu jianzu
层流减阻　laminar drag reduction

cengya jiegou
层压结构　laminated structure

charu sunhao
插入损耗　insertion loss

chafen lüboqi
差分滤波器　differential filter

chafen maima tiaozhi he zengliang tiaozi
差分脉码调制和增量调制
differential pulse code modulation and
incremental modulation

chafen quanqiu dingwei xitong
差分全球定位系统
differential global positioning system
(DGPS)

chafen xiangyi jiankong
差分相移键控
differential phase shift keying

chanzhen
颤振　flutter

chanzhenji
颤振计　flutter meter

chanzhen moxing
颤振模型　flutter model

chanzhen shifei
颤振试飞　flutter flight test

chanzhen yizhi
颤振抑制　flutter suppression

changhangshi wurenji
长航时无人机　endurance UAVs

changheng
长桁　stringer

changzhouqi motai
长周期模态　long-period mode

changgui fengdong shiyan
常规风洞试验
conventional wind tunnel test

changmian qiya
场面气压　aerodrome pressure (QFE)

chaoduanbo
超短波　ultrashort wave

chaogaopin (tegaopin)
超高频（特高频）
ultrahigh frequency (UHF)

chaolinjie liudong
超临界流动　super-critical flow

chaoran chongya fadongji
超燃冲压发动机　scramjet engine

chaoran chongya fadongji ranshaoshi tongliu
超燃冲压发动机燃烧室通流
scramjet engine combustor flow

chaoran chongya fadongji xunhuan
超燃冲压发动机循环
scramjet engine cycle

chaoshengbo
超声波　ultrasonic

chaoshengbo chuanganqi
超声波传感器　ultrasonic sensor

chaoshengsu
超声速　supersonic

chaoshengsu liudong
超声速流动　supersonic flow

chaoshiju
超视距
beyond visual line-of-sight (BVLOS)

chaoshiju tongxin
超视距通信
beyond visual line-of-sight communication

chaoshiju yunxing
超视距运行
beyond visual line-of-sight (BVLOS)
operation

chaotiaoliang
超调量　overshoot

chaowuxiandian juli
超无线电距离
ultra radio line of sight (URLOS)

chaozhong
超重　overweight

chezai huapao qifei
车载滑跑起飞
vehicular running take-off

chezai jizhan
车载基站　vehicular base station

chengben
成本　cost

chengben fenxi
成本分析　cost analysis

chengben hanshu
成本函数　cost function

chengben jianmo
成本建模　cost modeling

chengben mingxibiao
成本明细表　cost scheduling

chengben moxing
成本模型　cost model

chengben yinsu
成本因素　cost factor

chengben yuce
成本预测　cost forecasting

chengben zengzhang guibi
成本增长规避　cost growth avoidance

chengxiang chuanganqi
成像传感器　imaging sensor

chengxiang leida
成像雷达　imaging radar

chengxiang xitong
成像系统　imaging system

chengxiang xiangkongzhen
成像相控阵　imaging phase array

chengzaiban
承载板　loaded plate

chengzai fuhe cailiao cengheban
承载复合材料层合板
bearing laminated composite

chengzai fuhe cailiao cengheban jiegou
承载复合材料层合板结构
bearing laminated structure

chengzai jiegou
承载结构　bearing structure

chengzai yingli
承载应力　bearing stress

chengfaqi
乘法器　multiplier

chixu shijian
持续时间　duration

chixu shijian yingxiang yinsu
持续时间影响因素　duration factor

chixu shihang
持续适航　continued airworthiness

chicun celiang
尺寸测量　sizing

chicun queding fangfa
尺寸确定方法　sizing method

chicun wenti
尺寸问题　size issue

chicun youhua
尺寸优化　size optimization

chibian
齿边　serration

chilun chuandong woshan
齿轮传动涡扇　geared turbofan

chilun chuandong woshan fadongji
齿轮传动涡扇发动机
geared turbofan engine

chilunxiang lianjiechu
齿轮箱连接处　gearbox connection

chongcheng
冲程　stroke

chongjidian
冲击点　impact point

chongji nengliang
冲击能量　impact energy

chongji sheliu
冲击射流　impinging jet

chongji shijian
冲击事件　impact event

chongji shiyan
冲击试验　impact test

chongji sunshang
冲击损伤　impact damage

chongji sunshang jiance
冲击损伤检测　impact damage detection

chongji xiangying
冲击响应　impact response

chongji zaihe
冲击载荷　impact load

chongya chengxing
冲压成型　press forming

chongya fadongji
冲压发动机　ramjet engine

chongya jiasuqi
冲压加速器　ram accelerator

chongya kongqi lengque xitong
冲压空气冷却系统
ram air cooling system

chongya kongqi qudong fadianji
冲压空气驱动发电机
ram air driver generator

chongya kongqi wolun
冲压空气涡轮　ram air turbine (RAT)

chongdian
充电　charging

chongdian kongzhi
充电控制　charge control

chongdian zhuangtai
充电状态　state-of-charge

013

chuchang hangtu
出场航图　departure chart

chuqikou
出气口　air outlet

chushihua
初始化　initialization

chushihua fangzhen
初始化仿真　initialization simulation

chushi tiaojian
初始条件　initial condition

chushizhi wenti
初始值问题　initial value problem

chuyangji
初样机　prototype

chuyang jieduan
初样阶段　prototype phase

chuyang pingshen
初样评审　prototype review

chuyexiang
储液箱　reservoir

chuyun fashexiang
储运发射箱
storage and transportation launching container

chuliqi
处理器　processor

chuanbo sudu
传播速度　propagation velocity

chuandong xitong
传动系统　transmission system

chuanganqi
传感器　sensor

chuanganqi chuli
传感器处理　sensor processing

chuanganqi jiare
传感器加热　sensor heating

chuanganqi jiaozhun
传感器校准　sensor calibration

chuanganqi xitong
传感器系统　sensor system

chuanganqi yanzheng
传感器验证　sensor validation

chuanganqi youxiao lengque sudu
传感器有效冷却速度
effective cooling velocity of the sensor

chuanganqi zhenduan
传感器诊断　sensor diagnostic

chuanganqi zhidongqi
传感器致动器　sensor actuator

chuanshu daikuan
传输带宽　transmission bandwidth

chuanshu shiyan
传输时延　transmission delay

chuantong ranshaoshi jiegou
传统燃烧室结构
legacy combustor structure

chuanzhen
喘振　surge

chuanzhen bianjie
喘振边界　surge margin

chuanzhen kongzhiqi
喘振控制器　surge suppressor

chuanzhen yali
喘振压力　surge pressure

chuanzhen yalibi
喘振压力比　surge pressure ratio

chuiwei
垂尾　vertical fin

chuizhi andingmian
垂直安定面　vertical stabilizer

chuizhi hangji
垂直航迹　vertical track

chuizhi jiangluo
垂直降落　vertical landing

chuizhi kongzhi
垂直控制　vertical control

chuizhi pasheng
垂直爬升　vertical climb

chuizhi pashenglü
垂直爬升率　vertical rate of climb

chuizhi qifei
垂直起飞　vertical take-off

chuizhi qijiang
垂直起降
vertical take-off and landing (VTOL)

chuizhi qijiang gudingyi wurenji
垂直起降固定翼无人机
vertical take-off and landing fixed-wing UAVs

chuizhi sudu
垂直速度　vertical speed

chuizhi tufeng zaihe
垂直突风载荷　vertical gust load

chuizhi tuoluo
垂直陀螺　vertical gyro

chuizhi xiajiang
垂直下降　vertical descent

chuizhizhou
垂直轴　vertical axis

cihangxiang
磁航向　magnetic heading

ciliji
磁力计　magnetometer

ciluopan
磁罗盘　compass

ciqingjiao
磁倾角　angle of dip

cuiruoxing
脆弱性　vulnerability

cuiruoxing fangmian
脆弱性方面　vulnerability aspect

cuiruoxing sheji
脆弱性设计　vulnerability design

cuixing cailiao
脆性材料　brittle material

cunchuqi
存储器　storage

dajiechu tuonian
搭接处脱黏　lap dis-bonding

dajiepian
搭接片　bonding jumper

dagongjiao
大攻角　high/large angle of attack

dahoulüeyi
大后掠翼　highly swept wing

dajiaodu jinchang
大角度进场　steep approach

dajiaodu pasheng
大角度爬升　high-angle climb

daqi
大气　atmosphere

daqiceng
大气层　atmospheric layer

daqiceng feixing jieduan
大气层飞行阶段
atmospheric flight phase

daqiceng qiao
大气层壳　atmospheric shell

daqiceng waihe dianci maichong
大气层外核电磁脉冲
exo-atmospheric nuclear electromagnetic pulse

daqi chuanshu moni
大气传输模拟
atmospheric transport simulation

daqi fuhuo
大气俘获　aerocapture

daqi jianmo
大气建模　atmospheric modeling

daqi shuju guanxing jizhun zujian
大气数据惯性基准组件
air data inertial reference units (ADIRU)

daqi shuju jisuanji
大气数据计算机
air data computer (ADC)

daqi shuaijian
大气衰减　atmospheric attenuation

daqi tuanliu
大气湍流　atmospheric turbulence

daqi wendu
大气温度　atmospheric temperature

daqi wendu bianhua
大气温度变化
atmospheric temperature variation

daqi wuli xue
大气物理学　atmospheric physics

daqi xianxiang
大气现象　atmospheric phenomenon

daqi xianghu zuoyong
大气相互作用　atmospheric interaction

daqi yali
大气压力　atmosphere pressure

daqiya zhi bi
大气压之比
ratio of atmospheric pressure

daqi zuli
大气阻力　atmospheric drag

daqi zuli jiasudu
大气阻力加速度
atmospheric drag acceleration

daqi zucheng
大气组成　atmospheric composition

da yingjiao feixianxing qidong texing
大迎角非线性气动特性
nonlinear aerodynamic characteristics at
high angle of attack

daima yanzheng
代码验证　code validation

daikuan
带宽　bandwidth

daitong lüboqi
带通滤波器　bandpass filter

danbing shuju zhongduan
单兵数据终端　soldier data terminal

danfa shixiao shiyong shengxian
单发失效实用升限
single-engine-inoperative service ceiling

danfa tingche
单发停车　engine out (EO)

danliangshi jiyi
单梁式机翼　single beam wing

danpenkou fadongji
单喷口发动机　single-jet engine

dantongdao danmaichong tizhi
单通道单脉冲体制
single channel single pulse system

danwen duoxie zhendangqi
单稳多谐振荡器
monostable multivibrator

danyinqing wojiang fadongji
单引擎涡桨发动机
single-engine turboprop

dandao buhuo
弹道捕获　ballistic capture

dangliang feizu mianji
当量废阻面积
equivalent waste resistance area

dangliang tufeng sudu
当量突风速度　equivalent gust velocity

daoju qianjiao
刀具前角　rake angle

daoren
刀刃　knife edge

daogui dongneng tanshe
导轨动能弹射　rail kinetic ejection

daohang
导航　navigation

daohang moshi
导航模式　navigation mode

daohang xitong
导航系统　navigation system

daohang yu kongzhi
导航与控制　navigation and control

dengdai chengxu
等待程序　holding procedure

dengdai dingwei dian
等待定位点　holding fix

dengdai hangxian
等待航线　holding route

denggao
等高　constant height

dengsu jidong feixing
等速机动飞行
constant speed maneuvering flight

dichengben sheji
低成本设计　low-cost design

dikong wuxiandian gaodubiao
低空无线电高度表
low-range radio altimeter

dipaifang ranshaoshi
低排放燃烧室　low-emission combustor

dipaifang ranshaoshi jishu
低排放燃烧室技术
low-emission combustion technology

dipin tiaozhi jietiao
低频调制解调
low-frequency modulation and demodulation

disu fengdong
低速风洞　low-speed wind tunnel

disu huapao
低速滑跑　low-velocity taxiing

ditong lüboqi
低通滤波器　low-pass filter

diya wolun chanzhen
低压涡轮颤振
low-pressure turbine (LPT) flutter

diya yasuoji
低压压缩机　low-pressure compressor

diya zhuanzi zhuansu ($N1$)
低压转子转速($N1$)
low-pressure rotor speed ($N1$)

dizaosheng qiluojia jiegou
低噪声起落架结构
low-noise gear architecture

dizhanxianbi
低展弦比　low-aspect ratio

dizuo
底座　base

dibiao bianji
地标编辑　landmark edit

dibiao daochu
地标导出　landmark export

dici
地磁　geomagnetism

dicichang guance
地磁场观测
geomagnetic field observation

dici fanzhuan
地磁反转　geomagnetic reversal

dici ganying dianliu
地磁感应电流
geomagnetic induced current

dici huodong
地磁活动　geomagnetic activity

dili weilan
地理围栏　geofence

dimian baozhang shebei
地面保障设备
ground support equipment (GSE)

dimian caiyang juli
地面采样距离
ground sample distance (GSD)

dimian caozuo
地面操作　ground handing

dimian dingwei daohang
地面定位导航
ground positioning navigation

dimian dingwei xitong
地面定位系统
ground positioning system

dimian guzhang
地面故障　ground fault

dimian jianceqi
地面检测器　ground-based monitor

dimian kongzhidian
地面控制点　ground control point

dimian kongzhi jiekou jicheng
地面控制接口集成
ground control interface integration

dimian kongzhi xitong
地面控制系统　ground control system

dimian kongzhizhan
地面控制站　ground control station

dimian moca yinshu
地面摩擦因数
ground friction coefficient

dimian paodao moca yinshu
地面跑道摩擦因数
ground runway friction coefficient

dimian raoliuban
地面扰流板　ground spoilers

dimian shiyan
地面试验　ground test

dimian shuju zhongduan
地面数据终端　ground data terminal

dimian tianxian
地面天线　ground antenna

dimian xitong
地面系统　ground system

dimian xiaoying
地面效应　ground effect

dimian yunxing zaihe
地面运行载荷　ground operating load

dimian zaihe
地面载荷　ground load

diqin renyuan
地勤人员　ground crew

disu
地速　ground speed

dixian guzhang
地线故障　ground wire fault

dixing cankao daohang
地形参考导航
terrain reference navigation

dixing gensui
地形跟随　terrain following

dixing gensui moshi
地形跟随模式　terrain follow mode

dixing huibi
地形回避　terrain avoidance

dixing lunkuo pipei
地形轮廓匹配
terrain contour matching (TERCOM)

dixing poumian pipei
地形剖面匹配
terrain profile matching (TERPROM)

di-yi rencheng shijiao
第一人称视角　first person view

dianduidian yunshu
点对点运输
point-to-point transportation

dianhuo jiliqi
点火激励器　ignition exciter

dianhuoqi
点火器　igniter

dianhuo shuntai
点火瞬态　ignition transient

dianhuo xitong
点火系统　ignition system

dianran wangfushi fadongji
点燃往复式发动机
ignited reciprocating engine

dianchi
电池　battery

dianchi chongdian
电池充电　battery charging

dianchi chongdianqi
电池充电器　battery charger

dianchizu
电池组　battery pack

dianchuan caozong xitong

电传操纵系统　fly-by-wire system

dianchuan feixing kongzhi

电传飞行控制　fly-by-wire flight control

diancibo

电磁波　electromagnetic wave

diancifa

电磁阀　electromagnetic valve

dianci fanghu

电磁防护　electromagnetic protection

dianci fushe

电磁辐射　electromagnetic radiation

dianci ganrao

电磁干扰　electromagnetic interference

dianci huanjing

电磁环境　electromagnetic environment

dianci jianrong

电磁兼容

electromagnetic compatibility (EMC)

dianci jianrongxing shiyan

电磁兼容性试验

electromagnetic compatibility test

dianci weihai

电磁危害　electromagnetic hazard

diandong duoji

电动舵机　electric actuator

diandong sifu

电动伺服　electric servo

dianhe ouhe qijian

电荷耦合器件

charge-coupled device (CCD)

dianhuhan

电弧焊　arc welding

dianhu shiyan

电弧试验　arcjet test

dianhuaxue jiagong

电化学加工

electrochemical machining (ECM)

dianhuohua jiagong

电火花加工

electrical discharge machining (EDM)

dianji bianmaqi

电机编码器　motor encoder

dianji qudongbeng

电机驱动泵　motor-driven pump (MP)

dianji qudongqi

电机驱动器　motor driver

dianli xitong

电力系统　electrical power

dianli xunjian wurenji

电力巡检无人机

electric power patrol UAVs

dianliang pingheng

电量平衡　cell balancing

dianliu huganqi

电流互感器　current transformer

dianlu baohu zhuangzhi

电路保护装置　circuit protection device

dianlu kongzhi zhuangzhi

电路控制装置　circuit control device

dianlu yanchi

电路延迟　circuit delay

dianping fenpei

电平分配　level assignment

dianping yuliang

电平裕量　level margin

dianqi dianhuo xitong

电气点火系统　electric ignition system

dianqi fuzai kongzhi zhuangzhi

电气负载控制装置

electronic load control unit (ELCU)

dianqi jiekou

电气接口　electrical interface

dianqi xitong

电气系统　electric system

dianqudong yaqiji

电驱动压气机

electric motor compressor

dianre fangbing xitong

电热防冰系统

electrothermal ice protection system

dianrongshi jishu

电容式技术　capacitive technique

dianrongshi yali chuanganqi

电容式压力传感器

capacitive pressure sensor

dianweiji

电位计　potentiometer

dianyuan

电源　power supply

dianyuan chuli danyuan

电源处理单元

power processing unit (PPU)

dianyuan guanli mokuai

电源管理模块

power management unit (PMU)

dianyuan guanliqi

电源管理器　power manager

dianyuan kongzhi

电源控制　power control

dianyuan shipeiqi

电源适配器　power adapter

dianyuan xitong

电源系统　power system

dianyuan zhuanhua

电源转化　power conversion

dianzhou

电轴　electric axis

dianzi chuanganqi

电子传感器　electronic sensor

dianzi fanghu
电子防护　electronic protection

dianzi feixing yibiao xitong
电子飞行仪表系统
electronic flight instrument system (EFIS)

dianzi ganrao wurenji
电子干扰无人机
electronic jamming UAVs

dianzi jiayou xitong
电子加油系统　electric refueling system

dianzi luopan
电子罗盘　electronic compass

dianzi qingbao
电子情报　electronic intelligence

dianzi tiaosuqi
电子调速器
electronic speed control (ESC)

dianzi weilan
电子围栏　electronic fence

dianzi xitong
电子系统　electronic system

dianzi xinhao tiaojie
电子信号调节
electronic signal conditioning

dianzi yuanjian
电子元件　electronic components

dianzizhan
电子战　electronic warfare

dianzizhan xitong
电子战系统　electronic warfare system

dianzi zhiyuan cuoshi
电子支援措施　electronic support measure

dianzi zhongheqi
电子中和器　electron neutralizer

dianzi zitai zhiyinyi
电子姿态指引仪
electronic attitude director indicator (EADI)

dianzukang
电阻抗　electrical impedance

dianzushi chuanganqi
电阻式传感器　resistive sensor

dianquan
垫圈　washer

diaocang
吊舱　pod

diaocangshi fadongji zhuangzhi
吊舱式发动机装置
podded engine installation

diaocang xitong
吊舱系统　pod system

diaoche
吊车　hoist

diaosuo
吊索　sling

diedai fangfa
迭代方法　iterative method

diedai fenxi
迭代分析　iterative analysis

dingduan
顶端　head end

dingfeng
顶风　headwind

dingxiao
顶销　apex pin

dingchang jidong feixing
定常机动飞行　steady maneuver flight

dingchang pasheng
定常爬升　steady climb

dingchang panxuan
定常盘旋　steady circling

dingchang xiqi
定常吸气　steady suction

dingchang xiahua
定常下滑　steady descent

dingdian huishou
定点回收　assigned spot recovery

dinggao moshi
定高模式　constant height mode

dingwei
定位　location

dingweidian
定位点　fix

dingwei dingxiang xitong
定位定向系统
position and orientation system (POS)

dingwei fangshi
定位方式　positioning mode

dingwei jingdu
定位精度　positioning accuracy

dingwei luosiding
定位螺丝钉　set screw

dingxiang
定向　orientation

dingxiang tianxian
定向天线　directional antenna

dingxing fenxi
定性分析　qualitative analysis

dingzi
定子　stator

dongdaoshu
动导数　dynamic derivative

dongli
动力　power

dongli chansheng he fenpei
动力产生和分配
power generation and distribution

dongli chuanshu zhuangzhi
动力传输装置
power transfer unit (PTU)

dongli guanli kongzhi
动力管理控制
power management control

dongli kongzhi zujian
动力控制组件　power control unit

dongli kongzhi zuodongtong
动力控制作动筒
power control actuator

dongli shuchu
动力输出　power take-off

dongli xitong/dianli xitong
动力系统/电力系统　power system

donglixue
动力学　dynamics

donglixue fangfa
动力学方法　dynamic method

donglixue huanjing
动力学环境　dynamic environment

donglixue huanjing renwu
动力学环境任务
dynamic environment mission

donglixue motai
动力学模态　dynamic mode

donglixue xiangying
动力学响应　dynamic response

donglixue xiangying jisuan
动力学响应计算
dynamic response computation

donglixue yundong
动力学运动　dynamic motion

dongli zengsheng
动力增升　powered lift

dongli zhuangzhi
动力装置　power device

dongliang
动梁　walking beam

dongneng
动能　kinetic energy

dongneng shashang
动能杀伤　kinetic kill

dongtai fanwei
动态范围　dynamic range

dongtai huaxing zaihe
动态滑行载荷　dynamic sliding load

dongtai jiazai
动态加载　dynamic loading

dongtai jiaozhun
动态校准　dynamic calibration

dongtai jiemian tiaojian
动态界面条件
dynamic interface condition

dongtai niandu
动态黏度　dynamic viscosity

dongtai shisu
动态失速　dynamic stall

dongtai shiyan
动态试验 dynamic test

dongtai shiyan：sheji renzheng
动态试验：设计认证
dynamic test: design certification

dongtai shiyan fangfa
动态试验方法 dynamic test method

dongtai shiyan jieguo
动态试验结果 dynamic test result

dongtai shuju
动态数据 dynamic data

dongtai texing
动态特性 dynamic property

dongtai toushitu
动态透视图 dynamic perspective view

dongtai xitong lilun
动态系统理论 dynamical system theory

dongtaixing yu kongzhi
动态性与控制 dynamics and control

dongtai yingxiang
动态影响 dynamic influence

dongtai zaihe
动态载荷 dynamic load

dongwendingxing
动稳定性 dynamic stability

dongya chuanganqi
动压传感器 dynamic pressure sensor

douzhen shengli xishu
抖振升力系数 buffeting lift coefficient

duanban
端板 end plate

duanbo
短波 short wave

duancang
短舱 nacelle

duancheng wurenji
短程无人机 short range UAVs

duanju qifei chuizhi zhuolu
短距起飞垂直着陆
short take-off and vertical landing (STOVL)

duanju qifei yu jiangluo
短距起飞与降落
short take-off and landing

duanlu
短路 electrical shorting

duanzhouqi motai
短周期模态 short period mode

duanlie
断裂 fracture

duanlie fenxi
断裂分析 fracture analysis

duanlie lixue
断裂力学 fracture mechanics

duanliemian
断裂面 fracture surface

duanlie renxing
断裂韧性　fracture toughness

duanlie renxing celiang
断裂韧性测量
fracture toughness measurement

duanlie renxing shiyan
断裂韧性试验　fracture toughness test

duanlie shouming
断裂寿命　fracture life

duanlie zhunze
断裂准则　fracture criterion

duanluqi
断路器　circuit breaker

duanjian
锻件　forging

duankuai
锻块　forged block

duanzao
锻造　forge

duibi fenxi
对比分析　comparative analysis

duichen jidong
对称机动　symmetrical maneuver

duichen zhuolu zaihe
对称着陆载荷
symmetrical landing load

duidi gongji wurenji
对地攻击无人机　ground attack UAVs

duijie
对接　docking

duijie jigou
对接机构　docking mechanism

duijie jigou gongneng
对接机构功能
docking mechanism function

duikaishi xuanliang
对开式悬梁　split-cantilever beam

duikong jianshi leida
对空监视雷达　air surveillance radar

duiliu
对流　convection

duiliuceng
对流层　troposphere

duiliu kuosan fangcheng
对流扩散方程
convection diffusion equation

duiliu lengque
对流冷却　convective cooling

duiliu sudu
对流速度　convective velocity

duizhi qigang fadongji
对置气缸发动机
opposed cylinder engine

dunhua
钝化　passivation

dunti

钝体　blunt body

duobancai chengxing

多板材成型　multi-sheet forming

duobishi jiemian baobi liang

多闭室截面薄壁梁

multi-celled thin-walled beam

duobianliang fenxi

多变量分析　multi-variate analysis

duochidu

多尺度　multi-scaling

duochidu fangfa

多尺度方法　multi-scale method

duochidu jisuan fangfa

多尺度计算方法

multi-scale computational method

duodian sunshang

多点损伤　multi-site damage

duoduan ronghe cengheban sheji

多段融合层合板设计

multi-segment blended laminate design

duoduan yixing

多段翼型　multi-element airfoil

duoguangpu dingwei xitong

多光谱定位系统

multi-spectral positioning system

duoji biandui feixing

多机编队飞行

multi-aircraft formation flight

duoji lianxu xiangshi fashe

多机连续箱式发射

multi-UAVs continuous container launching

duojidi leida xitong

多基地雷达系统

multi-static radar system

duojizhi jiegou

多基址结构

multi-base address structure

duojinzhi shuzi pinlü tiaozhi

多进制数字频率调制

multi-band frequency shift keying (MFSK)

duojinzhi shuzi xiangwei tiaozhi

多进制数字相位调制

multi-band phase shift keying (MPSK)

duojinzhi shuzi zhenfu tiaozhi

多进制数字振幅调制

multi-band amplitude shift keying (MASK)

duokong cailiao

多孔材料　porous material

duokong jiezhiliu

多孔介质流　porous media flow

duokong jinshu

多孔金属　porous metal

duoliangshi jiyi

多梁式机翼　multi-beam wing

duolu xuanzeqi
多路选择器　multi-plexer

duolunshi qiluojia
多轮式起落架
multi-wheel landing gear

duomo zhidao
多模制导　multi-mode guidance

duomubiao genzong
多目标跟踪　multi-target tracking

Duopule daikuan
多普勒带宽　Doppler bandwidth

Duopule fenbianlü
多普勒分辨率　Doppler resolution

Duopule gonglüpu
多普勒功率谱　Doppler power spectrum

Duopule guangtance he ceju
多普勒光探测和测距
Doppler light detection and ranging

Duopule pinlü
多普勒频率　Doppler frequency

Duopule pinyi
多普勒频移　Doppler frequency shift

Duopule pu
多普勒谱　Doppler spectrum

Duopule quanchang cesuyi
多普勒全场测速仪
global Doppler velocimetry (GDV)

Duopule shuju
多普勒数据　Doppler data

Duopule xiaoying
多普勒效应　Doppler effect

duoqiang jiegou
多墙结构　multi-spar structure

duoti xitong
多体系统　multi-body system

duotiao zhongji wangluo kongzhi
多跳中继网络控制
multi-hop relay network control

duotongdao
多通道　multipath

duoxuanyi wurenji
多旋翼无人机　multi-rotor UAVs

duoji kongzhihe
舵机控制盒　servo actuator control box

E

eding gonglü
额定功率　rated power

erpian
耳片　ears flaps

erjinzhi bianma
二进制编码
binary coded decimal (BCD)

erjinzhi xitong
二进制系统　binary number system

fadian
发电　power generation

fadianji
发电机　generator

fadianji kongzhi duanluqi
发电机控制断路器
generator control breaker (GCB)

fadianji kongzhiqi
发电机控制器
generator control unit (GCU)

fadianji lici kongzhi zhuangzhi
发电机励磁控制装置
generator excitation control device

fadongji
发动机　engine

fadongji anzhuang
发动机安装　engine mounting

fadongji cailiao
发动机材料　engine material

fadongjicang zhuangzhi
发动机舱装置　nacelle installation

fadongji chicun
发动机尺寸　engine size

fadongji dianhuo
发动机点火　engine ignition

fadongji duancang jiebing
发动机短舱结冰　nacelle icing

fadongji falanpan
发动机法兰盘　engine flange

fadongji gongyou
发动机供油　engine fuel supply

fadongji guzhang
发动机故障　engine failure

fadongji jishen yitihua
发动机机身一体化
engine-fuselage integration

fadongji jinqidao
发动机进气道　engine inlet

fadongji kongzhi xitong
发动机控制系统　engine control system

fadongji kongzhi zujian
发动机控制组件
generator control unit (GCU)

fadongji lengque
发动机冷却　engine cooling

fadongji lingbujian
发动机零部件　engine component

fadongji neidandao
发动机内弹道　engine interior ballistic

fadongji paifang xingneng
发动机排放性能
engine emission performance

fadongji qidong xitong
发动机起动系统　engine starting system

fadongji qiaoti
发动机壳体　engine shell

fadongji qudongbeng
发动机驱动泵
engine-driven pump (EDP)

fadongji ranshaoshi chenli
发动机燃烧室衬里
engine combustor liner

fadongji ranyou xiaohao
发动机燃油消耗
engine fuel consumption

fadongji sheji
发动机设计　engine design

fadongji shiyan
发动机试验　engine testing

fadongji shouming
发动机寿命　engine life

fadongji taijia ceshi
发动机台架测试　bench engine test

fadongji tingche zaihe
发动机停车载荷　engine shutdown load

fadongji tingji pinlü
发动机停机频率
engine shutdown frequency

fadongji tongbu
发动机同步　engine synchronization

fadongji tuili
发动机推力　engine thrust

fadongji weizhi
发动机位置　engine location

fadongji xihuo
发动机熄火　engine shutdown

fadongji xiangrongxing
发动机相容性　engine compatibility

fadongji xiangying shijian
发动机响应时间　engine response time

fadongji xiaolü
发动机效率　engine efficiency

fadongji xingneng
发动机性能　engine performance

fadongji xuanze
发动机选择　engine selection

fadongji xunhuan
发动机循环　engine cycle

fadongji yalibi
发动机压力比　engine pressure ratio (EPR)

fadongji yinqi
发动机引气　engine bleed

fadongji yunzhuan
发动机运转　engine operation

fadongji zaoshengyuan
发动机噪声源　engine noise source

fadongji zengyabi
发动机增压比　engine pressure ratio

fadongji zhenduan
发动机诊断　engine diagnostic

fadongji zhendong
发动机振动　engine vibration

fadongji zhengliuzhao
发动机整流罩　engine cowling

fadongji zhishi he jizu jinggao xitong
发动机指示和机组警告系统
engine indicating and crew alerting system

fadongji zhong ranliao de jianxiexing
ranshao
发动机中燃料的间歇性燃烧　chugging

faguang erjiguan
发光二极管　light emitting diode (LED)

fashe
发射　launch

fashechang
发射场　launch range

fasheche
发射车　launch vehicle

fashe dangtian de zhuyi shixiang
发射当天的注意事项
day-of-launch considerations

fasheduan zongsunhao
发射端总损耗
total loss at transmitting end

fashe guocheng
发射过程　launching process

fashe huanjing
发射环境　launch environment

fasheji
发射机　transmitter

fasheji gonglü
发射机功率　transmitter power

fashejia
发射架　launcher

fashejia zhidian
发射架支点　launcher fulcrum

fashe tianxian
发射天线　transmitting antenna

fashe tianxian zengyi
发射天线增益　transmiting antenna gain

fashe xitong
发射系统　launching system

fashe xitong shiyong kekaodu
发射系统使用可靠度
using reliability of launching system

fashe zitai
发射姿态　launching attitude

fasheng zaihai shi tongxin zhongduan
发生灾害时通信中断
communications interruption in times of
disaster

fasong xinhao
发送信号　send signal

falan
法兰　flange

fanxiu
翻修　overhaul

fanzhuan shikong
翻转失控　flipping out of control

fanfushe wurenji
反辐射无人机　anti-radiation UAVs

fanhangdao jinjin
反航道进近　reverse course approach

fankui dianlu
反馈电路　feedback circuit

fankui kongzhi
反馈控制　feedback control

fankui kongzhi xitong
反馈控制系统
feedback control system

fankui youyuan zaosheng kongzhi
反馈有源噪声控制
feedback active noise control

fanshebo
反射波　reflected wave

fantan zaihe
反弹载荷　rebound load

fantui zhengliuzhao
反推整流罩　thrust reverser cowling

fantui zhuangzhi
反推装置　thrust reverser

fanxiang tuili
反向推力　reverse thrust

fanying kongzhi xitong
反应控制系统　reaction control system

fanhang
返航　return flight

fanhangdian
返航点　return point

fang'an jieduan
方案阶段　program phase

fang'an pingshen
方案评审　program review

fangcang
方舱　shelter

fangcang cheshou yu zhankai shijian
方舱撤收与展开时间
recovery & deployment time of maintenance
shelter

fangwei
方位　bearing

fangwei buguding
方位不固定　non-orientation locked

fangwei guding
方位固定　orientation locked

fangweijiao
方位角　azimuth angle

fangweijiao genzong
方位角跟踪　azimuth angle tracking

fangxiangduo
方向舵　rudder

fangxiang duoji
方向舵机　rudder actuator/servo

fangxiang duomian
方向舵面　rudder control surface

fangxiang tongdao
方向通道　direction channel

fangbaosi xitong
防抱死系统　anti-lock braking system

fangbing
防冰　anti-icing

fangbing xitong
防冰系统　anti-icing system

fangfushi sheji
防腐蚀设计　anticorrosion design

fanghu tuceng
防护涂层　protective coating

fanghuzhao
防护罩　guard

fanghua xitong
防滑系统　anti-skid system

fanghuoqiang
防火墙　fire wall

fangzhuang xitong
防撞系统　collision avoidance system

fangzhen
仿真　simulation

fangdaqi
放大器　amplifier

fangdian kongzhi
放电控制　discharge control

fangfei pianli
放飞偏离　dispatch deviation

fangfei pianli zhinan
放飞偏离指南
dispatch deviation guide (DDG)

fangkuan wendingxing
放宽稳定性　relaxed stability

feiji anquan
飞机安全　aircraft safety

feiji anquan renzheng
飞机安全认证
aircraft safety certification

feiji biandui feixing

飞机编队飞行　aircraft formation flight

feiji buju

飞机布局　aircraft configuration

feiji buju he xingneng

飞机布局和性能

aircraft configuration and performance

feiji cailiao

飞机材料　aircraft material

feiji cailiao jishu

飞机材料技术

aircraft material technology

feiji caozong shouce

飞机操纵手册　aircraft handling manual

feijichang

飞机场　airport/aerodrome

feiji cuiruoxing sheji

飞机脆弱性设计

aircraft vulnerability design

feiji daohang

飞机导航　aircraft navigation

feiji dianci jicheng

飞机电磁集成

aircraft electromagnetic integration

feiji fadongji xuanxing

飞机发动机选型

aircraft engine selection

feiji feixing guanli xitong

飞机飞行管理系统

aircraft flight management system

feiji feixing shouce

飞机飞行手册

aircraft flight manual (AFM)

feiji fushu zhuangzhi

飞机附属装置　aircraft attachment

feiji gainian sheji

飞机概念设计

aircraft conceptual design

feiji guanli xitong

飞机管理系统

aircraft management system

feiji huanjing

飞机环境　aircraft environment

feiji huanjing jiankang wenti

飞机环境健康问题

aircraft environment health issue

feiji jiti shouming

飞机机体寿命　airframe life

feiji jiben gainian

飞机基本概念　aircraft basic concept

feiji jiquxian

飞机极曲线　aircraft polar curve

feiji jianguan huanjing

飞机监管环境

aircraft regulatory environment

feiji jiebing
飞机结冰　aircraft icing

feiji jiegou
飞机结构　aircraft structure

feiji jiegou cailiao
飞机结构材料
aircraft structural material

feiji jiegou cailiao jishu
飞机结构材料技术
aircraft structure material technology

feiji jiegou cuiruoxing
飞机结构脆弱性
aircraft structure vulnerability

feiji jiegou zhengtihua
飞机结构整体化
aircraft structural integrity

feiji jingjixue
飞机经济学　aircraft economics

feiji lingjian guanli
飞机零件管理
aircraft parts management

feiji moxing
飞机模型　airplane model

feiji neibu zaosheng
飞机内部噪声　aircraft interior noise

feiji qidong yitihua
飞机气动一体化
aircraft aerodynamic integration

feiji renwu
飞机任务　aircraft mission

feiji sheji
飞机设计　aircraft design

feiji sheji fangfa
飞机设计方法　aircraft design method

feiji sheji jixian
飞机设计极限　aircraft design limit

feiji sheji ruanjian
飞机设计软件　aircraft design software

feiji sheji youhua
飞机设计优化
aircraft design optimization

feiji shengchan
飞机生产　aircraft production

feiji shengming zhouqi
飞机生命周期　aircraft life-cycle

feiji shusan
飞机疏散　aircraft evacuation

feiji sudu baoxian
飞机速度包线　aircraft speed envelope

feiji tanxing kongzhi
飞机弹性控制　aircraft elastic control

feiji tingliu
飞机停留　aircraft parking

feiji tongxin
飞机通信　aircraft communication

feiji tuijin dongli yitihua

飞机推进动力一体化

aircraft propulsion power integration

feiji waixing

飞机外形　aircraft shape

feiji wangluo

飞机网络　aircraft network

feiji weihu gongcheng

飞机维护工程

aircraft maintenance engineering

feiji weixiu

飞机维修　aircraft maintenance

feiji weilai jiegou

飞机未来结构　aircraft future structure

feiji xitong

飞机系统　aircraft system

feiji xitong jinzhan

飞机系统进展

aircraft system development

feiji xianzhuang wenti

飞机现状问题　aircraft status issue

feiji xiaofu gaizhuang

飞机小幅改装

minor modification of aircraft

feiji xinxi guanli xitong

飞机信息管理系统

aircraft information management system

(AIMS)

feiji xingneng

飞机性能　aircraft performance

feiji xingneng youhua

飞机性能优化

aircraft performance optimization

feiji yisunxing

飞机易损性　aircraft vulnerability

feiji yinqi de juanyun

飞机引起的卷云　aircraft induced cirrus

feiji yingji xitong

飞机应急系统

aircraft emergency system

feiji yingyong

飞机应用　aircraft application

feiji zhuangtai jiankong xitong

飞机状态监控系统

aircraft condition monitoring system

(ACMS)

feiji zhuangtai zhishideng

飞机状态指示灯

aircraft status indicator

feiji zixiyong

飞机子系统　aircraft subsystem

feiji zonghe sheji

飞机综合设计　aircraft integrated design

feikong caozuo xitong

飞控操作系统

flight control operating system

feikong jisuanji
飞控计算机　flight control computer

feixing baoxian
飞行包线　flight envelope

feixing biandui kongzhi
飞行编队控制　flight formation control

feixing biandui kongzhi chuanganqi
飞行编队控制传感器
flight formation control sensor

feixing caozongmian
飞行操纵面　flight control surface

feixing ceshi
飞行测试　flight testing

feixing fangshi xinhaopai
飞行方式信号牌
flight mode annunciator

feixing fangzhen yanzheng
飞行仿真验证
flight simulation and verification

feixing guanli jisuanji
飞行管理计算机
flight management computer (FMC)

feixing guanli xitong
飞行管理系统
flight management system

feixing guanli xitong jicheng
飞行管理系统集成
flight management system integration

feixing guize
飞行规则　flight rule

feixing guiji
飞行轨迹　flight path

feixing guiji wendingxing
飞行轨迹稳定性
flight path stability

feixing jihua
飞行计划　flight plan

feixing jieduan
飞行阶段　flight phase

feixing jingshi jisuanji
飞行警示计算机
flight warning computer (FWC)

feixing kongzhi
飞行控制　flight control

feixing kongzhiqi
飞行控制器　flight controller

feixing kongzhi xitong
飞行控制系统　flight control system

feixing lujing guji
飞行路径估计　flight path estimation

feixing moniqi
飞行模拟器　flight simulator

feixing peixun shebei
飞行培训设备　flight training device

feixing pinzhi he caozong
飞行品质和操纵
flying qualities and handling

feixing poumian
飞行剖面　flight profile

feixingqian chengxu
飞行前程序　pre-flight procedure

feixing raoliuban
飞行扰流板　flight spoilers

feixing ruanjian
飞行软件　flight software

feixing shiyan
飞行试验　flight test

feixing shuju jiluqi
飞行数据记录器　flight data recorder

feixing yibiao
飞行仪表　flight instrument

feixing yuce
飞行预测　flight prediction

feixing zhiyinyi
飞行指引仪　flight director

feixing zhong zijiance
飞行中自检测　in-flight built-in-test

feixing zhongzhi
飞行终止　flight termination

feixing zhuangtai
飞行状态　flight state

feixing zitai
飞行姿态　flight attitude

feidingchang panxuan
非定常盘旋　unsteady hover

feiduichen jidong
非对称机动　asymmetric maneuver

feifa dianbo
非法电波　illegal radio wave

feijinshu
非金属　non-metal

feitanxing zhiliang
非弹性质量　inelastic mass

feixianxing feixing kongzhi
非线性飞行控制
nonlinear flight control

feixianxing feixing kongzhi xitong
非线性飞行控制系统
nonlinear flight control system

feixianxing feixing xitong zishiying
kongzhi
非线性飞行系统自适应控制
nonlinear flight system adaptive control

feixianxing shizhen
非线性失真　nonlinear distortion

feixianxing xinhao chuli
非线性信号处理
nonlinear signal processing

fenbushi caozuo
分布式操作　distributed operation

fenceng
分层　delamination

fenjishi tianxian
分集式天线　diversity antenna

fenjie
分解　decomposition

fenkuaishi jiegou
分块式结构　block structure

fenpeidian zhuangzhi
分配电装置　power distribution device

fenxi daima
分析代码　analysis code

fenxi fangfa
分析方法　analysis method

fenxi gongju
分析工具　analysis tool

fenxi jishu
分析技术　analysis technique

fenxi jieduan
分析阶段　analysis phase

fenxi ruanjian
分析软件　analysis software

fenxi shebei
分析设备　analysis equipment

fenmo gongyi
粉末工艺　powder technology

fenmo jiagong
粉末加工　powder processing

fenmo yejin
粉末冶金　powder metallurgy (PM)

fengdao duoji
风道舵机　air duct actuator

fengdao tiaojieqi
风道调节器　air duct regulator

fengdong
风洞　wind tunnel

fengdong shiyan
风洞试验　wind tunnel test

fengmen duoji
风门舵机　throttle actuator

fengmen tiaojieqi
风门调节器　throttle regulator

fengqiebian
风切变　windshear

fengshan
风扇　fan

fengshan qiliu
风扇气流　fan airflow

fengshan zhengliuzhao
风扇整流罩　fan cowling

fengsuyi
风速仪　anemometer

fengxian baozhang
风险保障　risk protection

fengxian fenpei
风险分配　risk distribution

fengxian fenxi
风险分析　risk analysis

fengxian guanli
风险管理　risk management

fengxian kongzhi
风险控制　risk control

fengxian pinggu
风险评估　risk assessment

fengxiangliang
风向量　wind vector

fengyan
封严　seal

fengyan sheji
封严设计　seal design

fengyan zhoucheng
封严轴承　seal bearing

fengwo
蜂窝　honeycomb

fengwo jiaceng jiegou
蜂窝夹层结构
honeycomb sandwich structure

fengyi
缝翼　slat

fengyi shenchu
缝翼伸出　slat extension

fengyi shouqi
缝翼收起　slat retraction

fuwu gongyingshang
服务供应商　service provider

fuwu jiancha
服务检查　service check

fuwu tonggao
服务通告　service bulletin (SB)

fuwu xinhan
服务信函　service letter (SL)

fuwu zhiliang
服务质量　quality of service (QoS)

fuzi huomen
浮子活门　float valve

fuhexing
符合性　compliance

fuhexing fangfa
符合性方法
methods of compliance (MoC)

fuhexing panding
符合性判定　compliance determination

fuyi jiankong
幅移键控　amplitude shift keying (ASK)

fuyang
俯仰　pitch

fuyang caozong
俯仰操纵　pitch control

fuyangjiao
俯仰角　pitch angle

fuyang jiaosudu
俯仰角速度　pitch angular speed

fuyang liju
俯仰力矩　pitching moment

fuyang liju texing
俯仰力矩特性
pitching moment characteristics

fuyanglü
俯仰率　pitch rate

fuyangzhou
俯仰轴　pitch axis

fuyang zitai
俯仰姿态　pitch attitude

fuzhu dongli zhuangzhi
辅助动力装置
auxiliary power unit (APU)

fuzhu fangshi
辅助方式　supplementary modes

fuzhu feixing caozong
辅助飞行操纵　secondary flight control

fufankui fangdaqi
负反馈放大器
negative feedback amplifier

fujiasudu
负加速度　negative acceleration

fumaichong
负脉冲　negative pulse

fujia tiaojian
附加条件　additional condition

fujia zuli
附加阻力　additional resistance

fujian chilunxiang
附件齿轮箱　accessory gear box

fulu
附录　appendix

fufei
复飞　go-around (GA)

fuhe cailiao
复合材料　composite material

fuhe cailiao ban
复合材料板　composite plate

fuhe cailiao ban yu qiao
复合材料板与壳
composite plate and shell

fuhe cailiao cengheban
复合材料层合板　composite laminate

fuhe cailiao cengheban youhua
复合材料层合板优化
composite laminate optimization

fuhe cailiao jianrongxing
复合材料兼容性
composite compatibility

fuhe cailiao jiegou
复合材料结构　composite structure

fuhe cailiao nianjie jietou
复合材料黏接接头
composite bonded joint

fuhe cailiao qiao
复合材料壳　composite shell

fuhe cailiao zengqiang
复合材料增强　composite reinforcement

fuhe cailiao zhizao gongyi
复合材料制造工艺
composite manufacturing process

fuheshi xuanyi wurenji
复合式旋翼无人机
compound rotor UAVs

fuyuan
复原　restoration

fulianlu
副链路　secondary link

furanyouxiang
副燃油箱　auxiliary fuel tank

fuyi
副翼　aileron

fuyi caozongli xianzhiqi
副翼操纵力限制器
aileron control force limiter

fuyi duoji
副翼舵机　aileron servo

fuyi duomian
副翼舵面　aileron control surface

fuyi he raoliuban caozong
副翼和扰流板操纵
aileron and spoiler control

fuyi tongdao
副翼通道　aileron channel

fuzaibo
副载波　subcarrier

fuban
腹板　web

fuliang
腹梁　keel beam

fuqi
腹鳍　pelvic fin

gaihang
改航　diversion

gaijin jihua
改进计划　improvement plan

gaiping gaodu
改平高度　level-off altitude

gaishu
概述　overview

gankang
感抗　inductive impedance

gankang gongshi
感抗公式　inductive impedance formula

ganzhi yu birang xitong
感知与避让系统
perception and avoidance system

ganjing buju
干净布局　clean configuration

ganrao
干扰　interference

ganrao yizhi
干扰抑制　interference suppression

ganrao yizhi nengli
干扰抑制能力
interference suppression capability

gangdu
刚度　stiffness

gangdu fenxi
刚度分析　stiffness analysis

gangdu juzhen
刚度矩阵　stiffness matrix

gangdu ouhexiang jie'ou
刚度耦合项解耦
stiffness coupling term decoupling

gangti
刚体　rigid body

gangti donglixue
刚体动力学　rigid body dynamics

gangti guanliang
刚体惯量　rigid body inertia

gangti yundongxue
刚体运动学　rigid body kinematics

gangti zhidian
刚体质点　mass point of rigid body

gangxing
刚性　rigidity

gangxing feiji
刚性飞机　rigid aircraft

gangxinggan
刚性杆　rigid bar

gangwen chuanganqi
缸温传感器
cylinder temperature sensor

gaochaoshengsu
高超声速　hypersonic

gaochaoshengsu feixing
高超声速飞行　hypersonic flight

gaochaoshengsu feixingqi
高超声速飞行器　hypersonic aircraft

gaodu baochi
高度保持　altitude hold

gaodubiao
高度表　altimeter

gaodubiao sheding
高度表设定　altimeter setting

gaodu chuanganqi
高度传感器　altitude sensor

gaodu ganyu
高度干预　altitude intervention

gaodu jiehuo
高度截获　altitude acquire

gaodu jinggao
高度警告　altitude alert

gaodu nengli
高度能力　altitude capability

gaodu tiaozheng
高度调整　altitude trim

gaohandaobi fadongji
高涵道比发动机
high-bypass-ratio engine

gaohandaobi woshan fadongji
高涵道比涡扇发动机
high-bypass turbofan

gaopin
高频　high-frequency

gaopinduan
高频段　high-frequency band

gaopin fangdaqi
高频放大器　high-frequency amplifier

gaosu huapao
高速滑跑　high-velocity taxiing

gaosu huaxingdao
高速滑行道　high-speed taxiway (HST)

gaosu huaxingdao chukou
高速滑行道出口
exit of high-speed taxiway

gaoya wolun
高压涡轮　high-pressure turbine (HPT)

gaoya wolun lengque
高压涡轮冷却
high-pressure turbine cooling

gaoya yaqiji
高压压气机　high-pressure compressor

gaoya yaqiji gutong
高压压气机鼓筒
high-pressure compressor drum

gaoya zhuanzi zhuansu (*N2*)
高压转子转速（*N2*）
high-pressure rotor speed (*N2*)

gecang
隔舱　compartment

gekuang
隔框　bulkhead

geli kongyu
隔离空域　segregated airspace

geliushan
隔流栅　fence

gemo
隔膜　diaphragm

gere jiegou
隔热结构　heat insulation structure

ge−nie xudianchi
镉–镍蓄电池　nickel-cadmium battery

gexiangtongxing
各向同性　isotropy

gexiangtongxing baoban
各向同性薄板　thin isotropic plate

gexiangtongxing baoban de feixianxing
wenti
各向同性薄板的非线性问题
nonlinear problem of thin isotropic plate

gexiangtongxing tanxingti
各向同性弹性体　isotropic elastic body

gexiangyixing
各向异性　anisotropy

gexiangyixing chuanshu
各向异性传输　anisotropic transport

gexiangyixing de sanjiao wangge
各向异性的三角网格
anisotropic triangular grid

gexiangyixing fenjie moxing
各向异性分解模型
anisotropy-resolving model

gexiangyixing ti
各向异性体　anisotropic body

gexiangyixing wangge
各向异性网格　anisotropic mesh

genzong jingdu
跟踪精度　tracking accuracy

genzong xitong
跟踪系统　tracking system

gongcheng cailiao
工程材料　engineering material

gongcheng canshu
工程参数　engineering parameter

gongcheng fenxi
工程分析　engineering analysis

gongcheng yanzhi jieduan
工程研制阶段
engineering development stage

gongju mosun
工具磨损　tool wear

gongxu
工序　process

gongye ranqi wolun fadongji
工业燃气涡轮发动机
industrial gas turbine engine

gongyi fenlimian
工艺分离面
production breakdown interface

gongyi gaijin
工艺改进　process improvement

gongyi pingshen
工艺评审　process review

gongyi xuanze
工艺选择　process selection

gongzuo fanwei
工作范围　operating range

gongzuo fenjie jiegou
工作分解结构
work breakdown structure (WBS)

gongzuo huanjing
工作环境　work environment

gongzuo jihua
工作计划　work plan

gongzuo jiludan
工作记录单　work sheet

gongzuo pinlü
工作频率　work frequency

gongzuo shunxu
工作顺序　work sequence

gongzuo shuoming
工作说明　work description

gongcha
公差　tolerance

gonglü bianhua
功率变化　power variation

gonglü fangdaqi
功率放大器　power amplifier

gonglü guanli
功率管理　power management

gonglü kongzhi
功率控制　power control

gonglüpu midu
功率谱密度　power spectral density

gonglü yaoqiu
功率要求　power requirement

gonglü zaihe
功率载荷　power loading

gongneng ceshi
功能测试　functional test

gongneng guzhang fenxi
功能故障分析
functional failure analysis (FFA)

gongneng kongzhi
功能控制　function control

gongneng rongyu
功能冗余　functional redundancy

gongneng yanzhi baozheng dengji
功能研制保证等级
function development assurance level (FDAL)

gongzhan xitong
共站系统　co-site system

gongzhen
共振　resonance

gongdian xitong
供电系统　power supply system

gongying baozhang
供应保障　supply support

gongyou xitong
供油系统　oil supply system

gongyou zujian
供油组件　oil supply assembly

gougua ba
钩挂靶　hook target

gougua sudu
钩挂速度　hook speed

gougua wang
钩挂网　hooking net

gougua zhuangzhi
钩挂装置　hooking device

goujian
构件　structural member

gouxing pianli qingdan
构型偏离清单
configuration deviation list (CDL)

gusuan zhongliang
估算重量　estimated weight

gusuan zhongliang baogao
估算重量报告　estimated weight report

gufengji
鼓风机　blower

guding moniji
固定模拟机　fixed base simulator (FBS)

guding shebei zhongliang
固定设备重量　fixed equipment weight

gudingshi qiluojia
固定式起落架　fixed landing gear

guding tantou
固定探头　fixed probe

gudingyi
固定翼　fixed-wing

gudingyi wurenji
固定翼无人机　fixed-wing UAVs

guding zhuangzhi
固定装置　stationary device

guhuaji
固化剂　curing agent

guti caiji shebei
固体采集设备
solid acquisition equipment

guti toufang shebei
固体投放设备　solid delivery equipment

guzhang
故障　fault

guzhang anquan jishu
故障安全技术　fail-safe technology

guzhang anquan mokuai
故障安全模块　fail-safe module

guzhang anquan xitong
故障安全系统　fail-safe system

guzhang anquan zhuangzhi
故障安全装置　fail-safe device

guzhang baohu
故障保护　fault protection

guzhang baogao shouce
故障报告手册
fault reporting manual (FRM)

guzhang fenxi
故障分析　fault analysis

guzhang geli shouce
故障隔离手册
fault isolation manual (FIM)

guzhang guanli
故障管理　fault management

guzhang jiance
故障监测　fault monitoring

guzhang jiance
故障检测　fault detection

guzhang jiance yu xiufu
故障检测与修复
fault detection and recovery

guzhang jiance yu zhenduan
故障检测与诊断
fault detection and diagnosis

guzhang jianqing
故障减轻　fault mitigation

guzhanglü
故障率　fault rate

guzhangqi
故障旗　failure flag

guzhangshu
故障树　fault tree

guzhangshu fenxi
故障树分析　fault tree analysis (FTA)

guzhang zizhenduan
故障自诊断　fault self-diagnosis

guanjian yongdian shebei
关键用电设备
critical utilization equipment

guanceyuan
观测员　observer

guancha chuang
观察窗　sight glass

guan
管　pipe

guanjietou
管接头　pipe joint

guanlu
管路　piping

guanzhi fanwei
管制范围　control zone

guanzhi feixing
管制飞行　control flight

guanzhi kongyu
管制空域　control airspace

guanzhi quyu
管制区域　control area

guandao wenkong xitong
惯导温控系统
temperature control system of inertial
navigation system

guanxing celiang danyuan
惯性测量单元
inertial measurement unit (IMU)

guanxing chuanganqi
惯性传感器　inertial sensor

guanxing daohang
惯性导航　inertial navigation

guanxing daohang xitong
惯性导航系统
inertial navigation system (INS)

guanxing jizhun xitong
惯性基准系统　inertial reference system

guanxing xitong
惯性系统　inertial system

guanxing zhidao xitong
惯性制导系统　inertial guidance system

guangdian bianmaqi
光电编码器　photoelectric encoder

guangdian chengxiang
光电成像　photoelectric imaging

guangdian chengxiang yu genzong
xitong
光电成像与跟踪系统
photoelectric imaging and tracking system

guangdian chuanganqi yuanli
光电传感器原理
photoelectric sensor principle

guangdian diaocang
光电吊舱　photoelectric pod

guangdian genzong shebei
光电跟踪设备
photoelectric tracking equipment

guangdian shexiangji
光电摄像机　photoelectric camera

guangdian xitong
光电系统　photoelectric system

guangliu chuanganqi
光流传感器　optic flow sensor

guangliu kongzhi jishu
光流控制技术
optical flow control technique

guangliu tiaojieqi
光流调节器　optic flow regulator

guang'ou
光耦　optical coupler (OC)

guangpu
光谱　spectroscopy

guangpu fushelü
光谱辐射率　spectral emissivity

guangtance he ce ju (jiguang leida)
光探测和测距（激光雷达）
light detection and ranging (laser radar)

guangxian tuoluo
光纤陀螺　optic gyro

guangxue celiang
光学测量　optical measurement

guangshan
光栅　raster

guangzhou
光轴　optic axis

guangboshi zidong xiangguan jianshi
广播式自动相关监视
automatic dependent surveillance broadcast
(ADSB)

guangbo xinhao shepin ganrao
广播信号射频干扰
radio-frequency interference (RFI)

gui weijiasuduji
硅微加速度计
silicon micro-machining accelerometer

gui weituoluoyi
硅微陀螺仪　micro silicon gyro

guiji feixing
轨迹飞行　trajectory flight

guiji genzong
轨迹跟踪　trajectory tracking

gunzhuan
滚转　roll

gunzhuanjiao
滚转角　roll angle

gunzhuanjiao sudu
滚转角速度　roll angular speed

gunzhuanjiao sulü
滚转角速率　roll rate

gunzhuan kongzhi
滚转控制　rolling control

gunzhuan liju
滚转力矩　rolling moment

gunzhuan liju xishu
滚转力矩系数
rolling moment coefficient

gunzhuan shoulian motai
滚转收敛模态　rolling subsidence mode

gunzhuan wendingxing
滚转稳定性　rolling stability

gunzhuan yundong motai
滚转运动模态　rolling motion mode

gunzhuan zhendang zuni
滚转振荡阻尼　roll oscillation damping

gunzhuanzhou
滚转轴　rolling axis

guocheng kongzhi
过程控制　process control

guocheng shixiao moshi he xiaoguo fenxi
过程失效模式和效果分析
process failure modes and effects analysis
(PFMEA)

guocheng yanzheng
过程验证　process verification

guocheng yaoqiu
过程要求　process requirement

guocheng zaosheng
过程噪声　process noise

guodu
过渡　transition

guodu kongzhi
过渡控制　transition control

guoling jiance
过零检测　zero crossing detection

guozai shisu
过载失速　accelerated stall

haipingmian eding gonglü
海平面额定功率　sea level rated power

haipingmian jingtuili
海平面静推力　sea level static thrust

handian
焊点　welding spot

hanjie
焊接　welding

hanjiejian
焊接件　weldment

hanjie jietou ceshi
焊接接头测试　welded joint testing

hanjie quexian
焊接缺陷　weld imperfection

hangxuanjian
行选键　line select keys

hangcheng
航程　flying range

hangcheng ranyouliang guji
航程燃油量估计　range fuel estimation

hangcheng zhongduan jieduan
航程中段阶段　midcourse phase

hangci celiang
航磁测量　aeromagnetic survey

hangduan
航段　route segment

hangji
航迹　track

hangji bianji
航迹编辑　track edit

hangji chuangjian
航迹创建　track creation

hangji guanlian
航迹关联　track association

hangji guihua
航迹规划　track planning

hangji luru
航迹录入　track record

hangji pashengjiao
航迹爬升角　flight path angle

hangji shanchu
航迹删除　track deletion

hangji xianshi
航迹显示　track display

hangji xingneng
航迹性能　track performance

hangkong anquan
航空安全　aviation safety

hangkong anquan renzhi gongcheng
航空安全认知工程
aviation safety cognitive engineering

hangkong chengyunren anquan renzheng
航空承运人安全认证
aviation carrier safety certification

hangkong chixu jiazhi
航空持续价值
aviation sustained value

hangkong daqi
航空大气　aviation atmosphere

hangkong daqi huanjie
航空大气缓解
aviation atmosphere mitigation

hangkong daohang shebei
航空导航设备
aviation navigation facility

hangkong dianxinwang
航空电信网
aeronautical telecommunications network
(ATN)

hangkong dianzi quanshuanggong
jiaohuanshi yitaiwang zhuanhuan wangluo
航空电子全双工交换式以太网转换网络
Avionics Full-Duplex Switched Ethernet
(AFDX) switch network

hangkong dianzi shebei
航空电子设备　avionics

hangkong dianzi xitong
航空电子系统　avionics system

hangkong dianzi xitong jicheng
航空电子系统集成
avionics system integration

hangkong dianzixue
航空电子学　aero-electronics (AE)

hangkong dianzi zujian
航空电子组件　avionics component

hangkong fadongji diaozhuang fangfa
航空发动机吊装方法
aeroengine lifting method

hangkong guize zhiding
航空规则制定　aviation rulemaking

hangkong huanjing baohu weiyuanhui
航空环境保护委员会
committee on aviation environmental
protection

hangkong huanjing yingxiang
航空环境影响
aviation environmental impact

hangkong qixiang jiluyi
航空气象记录仪　aerometeorograph

hangkong tiaoli
航空条例　aviation regulation

hangkong yingyun xukezheng
航空营运许可证
aviation operator's certificate (AOC)

hangkong yingxiang
航空影响　aviation impact

hangkong yunshu he caozuo
航空运输和操作
aviation transportation and operation

hangkong zuoye
航空作业　aviation work

hanglu bulianxu
航路不连续　air route discontinuity

hangludian
航路点　waypoint

hanglu guanzhi zhongxin
航路管制中心　air route control center

hanglu jianshe
航路建设　air route construction

hanglu yuce
航路预测　air route prediction

hangxian
航线　air route

hangxian jihua
航线计划　air route planning

hangxian qianfang dingweidian
航线前方定位点
down track fix (DNTKFX)

hangxian weixiu
航线维修　air route maintenance

hangxian wenti
航线问题　air route issue

hangxian xiuzheng
航线修正　air route correction

hangxiang
航向　heading

hangxiang baochi
航向保持　heading hold (HDG hold)

hangxiang chuanganqi
航向传感器　heading sensor

hangxiang jingwendingxing
航向静稳定性　heading static stability

hangxiang tuoluoyi
航向陀螺仪　heading gyroscope

hangxiang wendingxing
航向稳定性　heading stability

hangxiang xuanze
航向选择　heading select

hangxiang xuanze yu baochi
航向选择与保持
heading select and hold

hangxing tonggao
航行通告　notice to airmen (NOTAM)

hangzi hangxiang cankao xitong
航姿航向参考系统
attitude and heading reference system
(AHRS)

hangzi xitong
航姿系统 navigation-attitude system

haomibo
毫米波 millimeter wave

haomibo leida
毫米波雷达 millimeter wave radar

haoyou shunxu
耗油顺序 fuel consumption sequence

hecheng kongjing leida
合成孔径雷达 synthetic aperture radar

hege shending
合格审定 certification

hege shending jihua
合格审定计划 certification plan (CP)

hetong zhongliang
合同重量 contract weight

hecha xinhao
和差信号 sum difference signal

hexin chuli danyuan
核心处理单元 core processing unit

hengding dianliu motai chuanganqi
恒定电流模态传感器
constant current mode sensor

hengsu qudong zhuangzhi
恒速驱动装置
constant speed drive unit

hengwen motai
恒温模态
constant temperature mode

hengjialei
桁架肋 truss rib

henggun
横滚 roll

henggunzhou
横滚轴 roll axis

henghangxiang caozong xiangying
横航向操纵响应
lateral-directional control response

henghangxiang dongwendingxing
横航向动稳定性
lateral-directional dynamic stability

henghangxiang jingdaoshu
横航向静导数
lateral-directional static derivative

henghangxiang jingwendingxing
横航向静稳定性
lateral-directional static stability

hengxiang jingwendingxing
横向静稳定性 lateral static stability

hengxiangli xishu
横向力系数 lateral force coefficient

hengzhou
横轴 lateral axis

hongshi fadongji
红石发动机 Redstone Engines

hongwai
红外 infrared (IR)

hongwai chuanganqi
红外传感器　infrared sensor

hongwai daodan daoyintou
红外导弹导引头
infrared missile seeker

hongwai dipingyi
红外地平仪　infrared horizon sensor

hongwai fushe
红外辐射　infrared radiation

hongwai fushe chuanshu
红外辐射传输
infrared radiation transmission

hongwai fushe xitong
红外辐射系统　infrared radiation system

hongwai ganzhi xitong
红外感知系统　infrared sensing system

hongwai renwu zaihe
红外任务载荷　infrared mission payload

hongwai shexiangji
红外摄像机　infrared camera

hongwai sousuo yu genzong
红外搜索与跟踪
infrared search and track (IRST)

hongwai tezheng yizhi
红外特征抑制
infrared signature suppression

hongwai wenduji
红外温度计　infrared thermometer

hongwaixian dingwei chuanganqi
红外线定位传感器
infrared targeting sensor

hongwaixian kongduikong daodan dingwei
红外线空对空导弹定位
infrared air-to-air missile targeting

hongwaixian saomiao
红外线扫描　infrared line scan (IRLS)

hongwai yinshen
红外隐身　infrared stealth

hongwai zhidao daodan daoyintou
红外制导导弹导引头
infrared homing missile seeker

hongwai zhidao dikong daodan
红外制导地空导弹
infrared surface-to-air missile (IRSAM)

hongwai zidong mubiao shibie
红外自动目标识别
infrared automatic target recognition

houfei
后飞　backward flight

houfengshan zaosheng
后风扇噪声　aft fan noise

houliang
后梁　rear spar

houlüe jibo
后掠激波　swept shock

houlüe jibo xianghu zuoyong
后掠激波相互作用
swept shock interaction

houlüejiao
后掠角　swept angle

houlüe sanjiaoyi
后掠三角翼　swept delta wing

houlüeyi
后掠翼　swept wing

houti shangqiaojiao
后体上翘角　afterbody upwarping angle

houti shousuojiao
后体收缩角
afterbody contraction angle

houti weizhuijiao
后体尾锥角　afterbody boattail angle

houyuan
后缘　trailing edge

houyuan jinyi
后缘襟翼　trailing edge flap

hubu jinshuyanghuawu bandaoti
互补金属氧化物半导体
complementary metal oxide semiconductor
(CMOS)

hucaozuoxing
互操作性　interoperability

huagui
滑轨　sliding rail

huamo kongzhi
滑模控制　sliding mode control

huaqiao
滑橇　skid

huaxiang feixing
滑翔飞行　sailflying

huaxing
滑行　taxiing

huaxing shache zaihe
滑行刹车载荷　taxiing brake load

huaxing ranyou
滑行燃油　taxiing fuel

huaxing zaihe
滑行载荷　taxiing load

huayi sudu
滑移速度　taxiing speed

huayou
滑油　lubricating oil

huayue qifei
滑跃起飞　ski-jump take-off

huayouqi
化油器　carburetor

huanbao cuoshi
环保措施
environmental protection measures

huanjing baohuju
环境保护局
environmental protection agency (EPA)

huanjing jiankang wenti
环境健康问题
environment health issue

huanjing jiaohu
环境交互　environment interaction

huanjing kongzhi
环境控制　environmental control

huanjing kongzhi yu shengming baozhang xitong
环境控制与生命保障系统
environmental control and life support system (ECLSS)

huanjing wendu
环境温度　ambient temperature

huanjing wenti
环境问题　environment issue

huanjing xiaoying
环境效应　environment effect

huanjing xingneng
环境性能　environmental performance

huanjing yali
环境压力　ambient pressure

huanjing yinsu
环境因素　environmental factor

huanjing yingxiang
环境影响　environment impact

huanlu lüboqi
环路滤波器　loop filter

huanxing penzui
环形喷嘴　annular nozzle

huanxing ranshaoshi
环形燃烧室
annular combustion chamber

huanxing rejiaohuan
环形热交换　annular heat exchange

huanchong geban
缓冲隔板　baffle

huanchong qinang zhuolu
缓冲气囊着陆　landing by buffer gasbag

huanchongqi
缓冲器　snubber

huanchong xineng zhuangzhi
缓冲吸能装置
buffer energy absorbing device

huanchong zhizhu
缓冲支柱　buffer strut

huishou guozai
回收过载　recovery overload

huishousan
回收伞　recovery parachute

huishou xitong
回收系统　recovery system

huishou zhongliang
回收重量　recovery weight

huiyou
回油　oil return

hunhebi
混合比　mixing ratio

hunhe fadongji
混合发动机　hybrid engine

hunhe feixing
混合飞行　hybrid flight

hunheyou
混合油　mixed oil

hunkongqi
混控器　mixer

hunpin
混频　mixing

hunpinqi
混频器　mixer

hunqi guocheng
混气过程　gas mixing process

huosai
活塞　piston

huosaishi fadongji
活塞式发动机　piston engine

huosaishi yaqiji
活塞式压气机　piston compressor

huohua dianhuo wangfushi fadongji
火花点火往复式发动机
spark-ignited reciprocating engine

huohuasai
火花塞　igniter plug

huojian
火箭　rocket

huojian fadongji
火箭发动机　rocket engine

huojian tuijin
火箭推进　rocket propulsion

huojian tuijinji
火箭推进剂　rocket propellant

huojian tuoluo zhuangzhi
火箭脱落装置　rocket shedding device

huojian zhutui fashe
火箭助推发射　rocket booster launching

huokong
火控　fire control

huoyan
火焰　flame

huoyan wendu
火焰温度　flame temperature

Huo'er chuanganqi
霍尔传感器　Hall sensor

jibi
机臂　aircraft arm

jichang
机场　airport

jichang baozhang
机场保障　airport support

jichang biaogao
机场标高　airport elevation

jichang buju
机场布局　airport layout

jichang dimian zuoye
机场地面作业　airport surface operation

jichang fenxi
机场分析　airport analysis

jichang rongliang
机场容量　airport capacity

jichang shangkong gaodu
机场上空高度
height above airport (HAA)

jichang yingxiang
机场影响　airport impact

jichang zaosheng
机场噪声　airport noise

jidian fangbing xitong
机电防冰系统
electromechanical ice protection system

jidian xitong jiancha
机电系统检查
electrical and mechanical (E&M) system
check

jidong feixing
机动飞行　maneuvering flight

jidong feixing baoxian
机动飞行包线
maneuvering flight envelope

jidong kongzhizhan
机动控制站
mobile control station (MCS)

jidong wendingxing
机动稳定性　maneuver stability

jidongxing
机动性　maneuverability

jidong xingneng
机动性能　maneuver performance

jidongxing yaoqiu
机动性要求
maneuverability requirements

jidongxing yudu
机动性余度
maneuverability redundancy

jijia
机架　body frame

jilun
机轮　wheel

jilun jiasu
机轮加速　wheel acceleration

jinei zijiance
机内自检测　built-in-test (BIT)

jinei zijian shebei
机内自检设备
built-in-test equipment (BITE)

jishen
机身　fuselage

jishen baohu jishu
机身保护技术
fuselage protection technique

jishen fubu
机身腹部　bilge

jishen gujia
机身骨架　fuselage skeleton

jishen jiayou xitong
机身加油系统
fuselage refueling system

jishen qiluojia
机身起落架　fuselage landing gear

jishen wenti
机身问题　fuselage problem

jishen xiaolü
机身效率　fuselage efficiency

jishen yitihua
机身一体化　fuselage integration

jishen zaosheng
机身噪声　fuselage noise

jiti
机体　airframe

jiti zuobiaoxi
机体坐标系　body axis system

jiwu renyuan
机务人员　aircrews

jixia
机匣　case

jixie jicheng
机械集成　mechanical integration

jixie jicheng wenti
机械集成问题
mechanical integration issue

jixie jiagong
机械加工　machining

jixie jiagu
机械加固　mechanical fastening

jixie jiazai
机械加载　mechanical loading

jixie jiazai huanjing
机械加载环境
mechanical loading environment

jixie jianzheng moshi
机械简正模式
mechanical normal mode

jixie jietou
机械接头　mechanical joint

jixie luanjing
机械孪晶　mechanical twin

jixieneng
机械能　mechanical energy

jixie sunshang
机械损伤　mechanical damage

jixie tianping
机械天平　mechanical balance

jixie tiaozheng
机械调整　mechanical alignment

jixie xitong
机械系统　mechanical system

jixie xingneng
机械性能　mechanical property

jixie youshi
机械优势　mechanical advantage

jixie yuanjian
机械元件　mechanical element

jixie zhendong
机械振动　mechanical vibration

jiyi
机翼　wing

jiyi douzhen
机翼抖振　wing buffeting

jiyi fasan
机翼发散　wing divergence

jiyi hengjiemian
机翼横截面　wing cross-section

jiyi–jishen zhijia
机翼–机身支架　wing-fuselage mount

jiyi jiben gainian
机翼基本概念　wing basic concept

jiyi kongzhi
机翼控制　wing control

jiyi niuzhuan
机翼扭转　wing twist

jiyi pingmian xingzhuang
机翼平面形状　wing planform

jiyi qianyuan
机翼前缘　wing leading edge

jiyi rouxing shiyan
机翼柔性试验　wing flexibility test

jiyi waixing youhua
机翼外形优化　wing shape optimization

jiyi xiachui
机翼下垂　wing droop

jiyi yundong kongzhi
机翼运动控制　wing motion control

jizai anquan
机载安全　airborne security

jizai chuanganqi
机载传感器　airborne sensor

jizai dianchi
机载电池　airborne battery

jizai dianlan
机载电缆　airborne cable

jizai dianzizhan xitong
机载电子战系统
airborne electronic warfare system

jizai duoxing qiti fasheng xitong
机载惰性气体发生系统
on-board inert gas generation system
(OBIGGS)

jizai fangzhuang xitong
机载防撞系统
airborne collision avoidance system (ACAS)

jizai jiguang dianyuan
机载激光电源
onboard laser power supply

jizai jisuanji
机载计算机　airborne computer

jizai jianshi leida
机载监视雷达
airborne surveillance radar

jizai jieshouji
机载接收机　airborne receiver

jizai jieji leida
机载截击雷达　airborne intercept radar

jizai qixiang leida
机载气象雷达　airborne weather radar

jizai renwu shebei
机载任务设备
airborne mission equipment

jizai shuju zhongduan
机载数据终端　airborne data terminal

jizai wangluo anquan
机载网络安全
airborne network security

jizai xitong anquan yu wanzhengxing
机载系统安全与完整性
safety and integrity for airborne system

jizai xitong jicheng
机载系统集成
airborne system integration

jizai yujing leida
机载预警雷达
airborne early warning radar

jizai zhendong jianceqi
机载振动监测器
airborne vibration monitor (AVM)

jizai zuozhan leida
机载作战雷达　airborne combat radar

jifen jiasuduji
积分加速度计
integrating accelerometer

jifen tuoluoyi
积分陀螺仪　integration gyroscope

jiben feixing sheji zhongliang
基本飞行设计重量
basic flight design weight

jiben kongji zhongliang
基本空机重量　basic empty weight

jiben sheji canshu
基本设计参数　basic design parameters

jidai xinhao
基带信号　baseband signal

ji yu dimian de ceshi fangfa
基于地面的测试方法
ground-based testing method

ji yu dimian sheshi de jiange baozhang
基于地面设施的间隔保障
ground-based separation assurance

ji yu hangji de caozuo
基于航迹的操作　track-based operation

ji yu hangji de jiange baozhang
基于航迹的间隔保障
track-based separation assurance

ji yu heguixing de jianguan
基于合规性的监管
compliance-based regulation

ji yu xingneng de jianguan
基于性能的监管
performance-based regulation

jizhun kongzhi
基准控制　baseline control

jizhun shujuku
基准数据库　benchmark database

jici xinhao
激磁信号　excitation signal

jici xinhao fangdaqi
激磁信号放大器
excitation signal amplifier

jiguang ce ju chuanganqi
激光测距传感器　laser ranging sensor

jiguang ce ju yi
激光测距仪　laser range finder

jiguang Duopule cesuyi
激光多普勒测速仪
laser Doppler anemometry

jiguang ganshefa
激光干涉法　laser interferometry

jiguang ganshe kongjian tianxian
激光干涉空间天线
laser interferometer space antenna

jiguang guangxuefa
激光光学法　laser optics method

jiguang hanjie
激光焊接　laser welding

jiguang jiasuduji
激光加速度计　laser accelerometer

jiguang jubian xitong
激光聚变系统　laser fusion system

jiguang leida
激光雷达　laser radar

jiguang nengliang chenji
激光能量沉积　laser energy deposition

jiguang tance he ce ju chuanganqi
激光探测和测距传感器
light detection and ranging (LIDAR) sensor

jiguang tongxin
激光通信　laser communication

jiguang tuiliqi
激光推力器　laser thruster

jiguang tuoluoyi
激光陀螺仪　laser gyroscope

jiguang weichi dengliziti tuiliqi
激光维持等离子体推力器
laser-maintained plasma thruster

jiguang zhishiqi
激光指示器　laser designator

jiguang zhibei
激光制备　laser synthesis

jiguang zhidao zhadan
激光制导炸弹　laser-guided bomb

jihua fenji
极化分集　polarization diversity

jihua leixing
极化类型　polarization type

jiquxian
极曲线　polar curves

jixian zaihe
极限载荷　ultimate load

jixing panjueqi
极性判决器　polarity determiner

jipian
急偏　hardover

jicheng
集成　integration

jicheng chanpin guocheng kaifa
集成产品过程开发
integrated product process development
(IPPD)

jicheng feiji xitong
集成飞机系统
integrated aircraft system

jicheng gongcheng sheji
集成工程设计
integrated engineering design

jicheng guocheng
集成过程　integrated process

jicheng guocheng sheji
集成过程设计
integrated process design

jichenghua chanpin he guocheng kaifa
集成化产品和过程开发
integrated product and process development

jicheng jianmo
集成建模　integrated modeling

jicheng sheji youhua
集成设计优化
integrated design optimization

jicheng sheji yu zhizao
集成设计与制造
integrated design and manufacturing (IDM)

jicheng zhuangpei xitong
集成装配系统
integrated assembly system

jiqun
集群　swarm

jiqun guanli
集群管理　swarm management

jiqun renwu
集群任务　swarm mission

jiyoucao
集油槽　sump

jihua
计划　plan

jihua nei xiangmu
计划内项目　planned program

jihua sudu
计划速度　planned speed

jiliangbiao
计量表　gauges

jisuan zhongliang
计算重量　calculated weight

jilu xitong
记录系统　recording system

jiyi zhuangzhi
记忆装置　memory device

jishu chengshudu
技术成熟度　technical maturity

jishu chengshudu pinggu
技术成熟度评估
technology maturity evaluation

jishu fazhan
技术发展　technology development

jishu fazhan dongli
技术发展动力
technology development motivation

jishu fazhan quxian
技术发展曲线
technology development curve

jishu fazhan shuiping
技术发展水平
technology development level

jishu fangfa
技术方法　technical method

jishu gaishu
技术概述　technical overview

jishu jicheng
技术集成　technology integration

jishu liyong
技术利用　technology utilization

jishu renwu
技术任务　technical mission

jishu tiaozhan
技术挑战　technical challenge

jishu wenti
技术问题　technical issue

jishu yaoqiu
技术要求　technical requirement

jishu yaosu
技术要素　technical element

jishu zhanwang
技术展望　technology outlook

jishu zhuangtai biaoshi
技术状态标识
configuration identification

jishu zhuangtai guanli
技术状态管理
configuration management

jishu zhuangtai guanli jixian
技术状态管理基线
configuration management base

jishu zhuangtai guanli wenjian
技术状态管理文件
configuration management documents

jishu zhuangtai jishi
技术状态纪实　configuration record

jishu zhuangtai kongzhi
技术状态控制　configuration control

jishu zhuangtai shenhe
技术状态审核　configuration review

jishu zhuangtai xiangmu
技术状态项目　configuration items

jishu zixitong
技术子系统　technology subsystem

jiliu shiche
系留试车　tethered test run

jiliu wurenji
系留无人机　tethered UAVs

jidianqi
继电器　relay

jiafaqi
加法器　adder

jiagong
加工　processing

jiagong cailiao
加工材料　machining material

jiagong fang'an
加工方案　processing scheme

jiagong fangfa
加工方法　processing method

jiagong gongju
加工工具　machining tool

jiaguwu
加固物　stiffener

jiajinban
加筋板　stiffened plate

jiajinqiao
加筋壳　stiffened shell

jiali ranshaoshi
加力燃烧室　afterburner

jiami
加密　encryption

jiaqiangkuang
加强框　reinforcing frame

jiaqianglei
加强肋　reinforcing rib

jiaqiangwo
加强窝　strengthening nest

jiasu
加速　accelerate

jiasudu
加速度　acceleration

jiasudubi
加速度比　acceleration ratio

jiasudu chuanganqi
加速度传感器　acceleration sensor

jiasuduji
加速度计　accelerometer

jiasuduji wendu buchang zhuangzhi
加速度计温度补偿装置
temperature compensator of accelerometer

jiasudu kongzhi
加速度控制　acceleration control

jiasu feixing
加速飞行　accelerated flight

jiasu fuchong
加速俯冲　accelerated dive

jiasu jizhun
加速基准　acceleration datum

jiasu pasheng
加速爬升　accelerated climb

jiasu pinpu
加速频谱　acceleration spectrum

jiasuqi
加速器　accelerator

jiasu xitong
加速系统　acceleration system

jiaya huanjing ceshi
加压环境测试
pressurized environment testing

jiayou
加油　refueling

jiayou baoxian
加油包线　refuel envelope

jiayou diaocang xitong
加油吊舱系统　refueling pod system

jiayouji
加油机　refueller

jiayoukou
加油口　fuel filler

jiayou xitong
加油系统　refueling system

jiazai ziyuan
加载资源　load resource

jiaxin mianban
夹芯面板　sandwich panel

jiashiyuan
驾驶员　pilot

jiance
监测　monitor

jiance xitong
监测系统　monitoring system

jianguan huanjing
监管环境　regulatory environment

jianguan wenti
监管问题　regulatory issue

jianguan yingxiang pinggu
监管影响评估
regulatory impact assessment (RIA)

jianshi leida
监视雷达　surveillance radar

jianshiqi
监视器　monitor

jianrongxing
兼容性　compatibility

jiancha
检查　check

jiancha biaozhun
检查标准　check criterion

jiansuo fangfa
检索方法　retrieval method

jianxiu jiku
检修机库　maintenance hangar

jianyan
检验　inspect

jianbaiqi
减摆器　shimmy damper

jianqingkong
减轻孔　lightening hole

jiansu anquandao
减速安全道　deceleration stop-way

jiansuban zuli
减速板阻力　speed-brake resistance

jiansu tingzhi juli
减速停止距离
deceleration-stop distance

jianyafa
减压阀　depressurization valve

jianzhen zhizhu
减震支柱　shock strut

jianzhong
减重　lose weight

jianli zhihou xiaoying
剪力滞后效应　shear lag effect

jianqie
剪切　shear

jianqieban zhuangji shiyan
剪切板撞击试验　shear plate impact test

jianqiebo
剪切波　shear wave

jianqieceng
剪切层　shear layer

jianqieli celiang
剪切力测量　shear force measurement

jianqieliu
剪切流　shear flow

jianqie moliang
剪切模量　shear modulus

jianqiexing luoshuan jietou
剪切型螺栓接头
shear-type bolted joint

jianqie yingli celiang
剪切应力测量
shear stress measurement

jianxin
剪心　shear center

jianyingli dinglü
剪应力定律　shear stress law

jiandan shoulian penguan
简单收敛喷管
simple convergent nozzle

jianhua feixing jihua
简化飞行计划
simplified flight planning

jianyao feixing jihua
简要飞行计划　abbreviated flight plan

jiange baozhang
间隔保障　separation assurance

jianjie rongcuo kongzhi
间接容错控制
indirect fault tolerant control

jiankang fengxian fenxi
健康风险分析
health hazard analysis (HHA)

jiankang guanli xitong
健康管理系统
health management system

jiankang ji yingyong jiance xitong
健康及应用监测系统
health and usage monitoring system
(HUMS)

jiankang jiance
健康监测　health monitoring

jiankang wenti
健康问题　health issue

jianzaiji
舰载机　carrier aircraft

jianding jishu
鉴定技术　validation technique

jianpinqi
鉴频器　frequency discriminator

jianxiangqi
鉴相器　phase detector

jiangjian guiji pingmian
桨尖轨迹平面　tip-path plane (TPP)

jiangjujiao
桨距角　blade pitch angle

jiangpan zaihe
桨盘载荷　propfan load

jiangshan fadongji
桨扇发动机　propfan engine

jiangye
桨叶　blade

jiangye banjing
桨叶半径　blade radius

jiangye huiwu
桨叶挥舞　blade-flapping

jiangye jiangjian waixing
桨叶桨尖外形　blade tip shape

jiangye mianji
桨叶面积　blade area

jiangye niuzhuan
桨叶扭转　blade twist

jiangye pianshu
桨叶片数　blade number

jiangye qiangdu
桨叶强度　blade strength

jiangye xiafanjiao
桨叶下反角　blade anhedral

jiangye xianchang
桨叶弦长　blade chord

jiangye yixing
桨叶翼型　blade airfoil

jiangluosan
降落伞　parachute

jiaocha hangji
交叉航迹　cross track

jiaofu kongji zhongliang
交付空机重量　delivered empty weight

jiaohu jizhi
交互机制　interaction mechanism

jiaoshu
交输　cross feed

jiaoshu huomen
交输活门　cross feed valve

jiaoti
交替　alternate

jiaotong liuliang guanli
交通流量管理
traffic flow management

jiaojie
胶接　bonding

jiaodu chuanganqi
角度传感器　angle sensor

jiaofansheqi
角反射器　corner reflector

jiaohe
角盒　corner box

jiaojiasuduji
角加速度计　angular accelerometer

jiaosulü tuoluo
角速率陀螺　angular rate gyro

jiaoweiyi chuanganqi
角位移传感器
angular displacement sensor

jiaowucha xinhao
角误差信号　angular error signal

jiaoxuanzhuan
角旋转　angular rotation

jiaojie jietou
铰接接头　articulated joint

jiaolian liju xishu
铰链力矩系数
hinge moment coefficient

jiaozhuang
校装　rigging

jiaozhuangxiao
校装销　rig pin

jiechuqi
接触器　contactor

jiechushi chuanganqi
接触式传感器　contact sensor

jiechushi zhijian fengyan
接触式指尖封严
contact fingertip sealing

jiedi
接地　earthing

jiedidian shangkong gaodu
接地点上空高度
height above touchdown (HAT)

jiedi mokuai
接地模块　ground module

jiedi pingban jishu
接地平板技术　ground plate technique

jiediqu biaogao
接地区标高
touchdown zone elevation (TDZE)

jiehe jishu
接合技术　joining technique

jiehemian
接合面　faying surface

jiekou biaozhun
接口标准　interface standard

jiekou jicheng
接口集成　interface integration

jiekou sheji
接口设计　interface design

jieshou ceshi
接收测试　receiving test

jieshou dianping
接收电平　receiving level

jieshouduan zongsunhao
接收端总损耗
total loss at receiving end

jieshou guangxue qijian
接收光学器件　receiving optics

jieshouji
接收机　receiver

jieshouji gongzuo texing quxian
接收机工作特性曲线
receiver operating characteristics (ROC)
curve

jieshouji lingmindu
接收机灵敏度　receiver sensitivity

jieshouji shuchu zaosheng
接收机输出噪声　receiver output noise

jieshou nengli
接收能力　reception

jieshou tianxian
接收天线　receiving antenna

jieshou tianxian zengyi
接收天线增益　receiving antenna gain

jieshou xinhao qiangdu zhishiqi
接收信号强度指示器
received signal strength indicator (RSSI)

jietou
接头　joint

jietou fenxi
接头分析　joint analysis

jietou guzhang
接头故障　joint fault

jietou sheji
接头设计　joint design

jietou shiyan
接头试验　joint test

jietou zhunbei
接头准备　joint preparation

jiezhi tanxingti
接枝弹性体　graft elastomer

jieliu huomen
节流活门　throttle valve

jiebing
结冰　icing

jiebing fanghu
结冰防护　ice protection

jiebing jiance
结冰检测　ice detection

jiebing tance xitong
结冰探测系统　ice detection system

jiedian shifang jishu
结点释放技术　node-release technique

jiegou
结构　structure

jiegou cailiao
结构材料　structural material

jiegou cailiao jishu
结构材料技术
structural material technology

jiegou ceshi
结构测试　structural testing

jiegou chongji sunshang
结构冲击损伤
structural impact damage

jiegou donglixue
结构动力学　structural dynamics

jiegou donglixue zhong de zuni
结构动力学中的阻尼
damping in structural dynamics

jiegou dongwendingxing
结构动稳定性
dynamic structural stability

jiegou dongxiangying
结构动响应
structural dynamic response

jiegou fenxi
结构分析　structural analysis

jiegou fumoliang
结构复模量
structural complex modulus

jiegou gangdu
结构刚度　structural stiffness

jiegou ganggan
结构杠杆　structural leverage

jiegou gongyixing
结构工艺性
structural manufacturability

jiegouhua biaomian
结构化表面　structured surface

jiegouhua de yinguo jiashe fangfa
结构化的因果假设方法
structured what-if-technique

jiegouhua wangge
结构化网格　structured grid

jiegou jihe
结构几何　structural geometry

jiegou jishu
结构技术　structural technology

jiegou jianmo
结构建模　structural modeling

jiegou jiankang jiance
结构健康监测
structural health monitoring (SHM)

jiegou jiankang jiance de xinhao chuli
结构健康监测的信号处理
signal processing for SHM

jiegou jietou
结构接头　structural joint

jiegou jietou shiyan
结构接头试验　structural joint test

jiegou jinshu
结构金属　structural metal

jiegou jingwendingxing
结构静稳定性　structural static stability

jiegou lichengbei
结构里程碑　structural milestones

jiegou lixue
结构力学　structural mechanics

jiegou lixue shiyan jishu
结构力学试验技术
structural mechanics test technique

jiegou moxing
结构模型　structural model

jiegou ouhe
结构耦合　structural coupling

jiegou qiangdu
结构强度　structural strength

jiegou sheji
结构设计　structural design

jiegou sheji chongfendu
结构设计充分度
structural design adequacy

jiegou sheji zhunze
结构设计准则
structure design principle

jiegou shengkongzhi
结构声控制　structural acoustic control

jiegou shitiao
结构失调　structural mistuning

jiegou shiyan
结构试验　structural test

jiegou texing
结构特性　structural properties

jiegou tezheng
结构特征　structural characteristics

jiegou tiaozhan
结构挑战　structural challenges

jiegou wanzhengxing
结构完整性　structural integrity

jiegou wendingxing
结构稳定性　structural stability

jiegou xiangying
结构响应　structural response

jiegou xiaolü
结构效率　structural efficiency

jiegou xingneng guanxi
结构性能关系
structure property relationship

jiegou yanzheng
结构验证　structural verification

jiegou yitihua
结构一体化　structural integration

jiegou yitihua jinqidao
结构一体化进气道
structurally-integrated inlet

jiegou youhua
结构优化　structural optimization

jiegou zaosheng
结构噪声　structural noise

jiegou zhongliang
结构重量　structural weight

jiegou zige
结构资格　structural qualification

jiegou zixitong yanhua
结构子系统演化
structural subsystem evolution

jiegou zuzhi
结构组织　structural organization

jieguo wenti
结果问题　outcome issue

jielian guanxing daohang
捷联惯性导航
strap-down inertial navigation

jiehuo
截获　capture (CAP)

jiemaqi
解码器　decoder

jietiao
解调　demodulation

jietiaoqi
解调器　demodulator

jieding fangfa
界定方法　characterization

jiemian danyuan
界面单元　interface element

jiemian donglixue jianmo
界面动力学建模
interface dynamics modeling

jiemian jiegou
界面结构　interface structure

jiemian kongzhi wendang
界面控制文档
interface control document

jiemian puceng fangxiang
界面铺层方向　interface ply orientation

jiemian tiaojian
界面条件　interface condition

jiemian tuceng
界面涂层　interface coating

jinshu cailiao
金属材料　metallic material

jinshu cengban
金属层板　metallic laminate

jinshu dianzushi chuanganqi
金属电阻式传感器
metallic resistive sensor

jinshu gerewa
金属隔热瓦　metallic insulation tiles

jinshuji cailiao
金属基材料　metal-based material

jinshuji fuhe cailiao
金属基复合材料
metal-based composite material

jinshuji gaowen cailiao
金属基高温材料
metal-based high temperature material

jinshuji qiti baohu dianhuhan
金属极气体保护电弧焊
gas metal arc welding

jinshu jiaxin
金属夹芯　metallic core

jinshu jiegou
金属结构　metallic structure

jinshu jingtai fengyan
金属静态封严　metallic static seal

jinshu lengque xitong
金属冷却系统　metal cooling system

jinshu ranliao
金属燃料　metallic fuel

jinshu tianjiaji
金属添加剂　metallic additive

jinshu xitong
金属系统　metal system

jinyi
襟翼　flap

jinyi chuandong zhuangzhi
襟翼传动装置　flap transmission device

jinyi weizhi sheding
襟翼位置设定　flap position setting

jinyi zaihe xianzhiqi
襟翼载荷限制器　flap load limiter

jingujian
紧固件　fastener

jingu xitong
紧固系统　fastening system

jinji beiyong dongli
紧急备用动力
emergency secondary power

jinji chukou
紧急出口　emergency exit

jinji gongyang xitong
紧急供氧系统
emergency oxygen system

jinchang
进场　approach

jinchang caozong
进场操纵　approach operation

jinchang hangtu
进场航图　approach chart

jindu yanwu
进度延误　schedule delay

jinjin fangshi
进近方式　approach mode

jinkou daoxiang yepian
进口导向叶片　inlet guide vanes

jinqidao
进气道　inlet

jinqidao fangqi
进气道放气　inlet by pass

jinqidao jibian
进气道畸变　inlet distortion

jinqidao kongqi donglixue
进气道空气动力学　inlet aerodynamics

jinqidao sheji
进气道设计　inlet design

jinqidao xiangrongxing
进气道相容性　inlet compatibility

jinqidao yitihua
进气道一体化　inlet integration

jinqi jibian naixing
进气畸变耐性
intake distortion tolerance

jinqi tiaojie xitong
进气调节系统
intake conditioning system

jinqi xitong
进气系统　intake system

jinchang
近场　near field

jincheng chuanganqi
近程传感器　proximity sensor

jincheng wurenji
近程无人机　close range UAVs

jindi feixing
近地飞行　flight near the ground

jindi jinggao xitong
近地警告系统
ground proximity warning system (GPWS)

jinjuli feiyue
近距离飞越　close flyby

jinqi jinzhan
近期进展　recent development

jinqi renwu
近期任务　recent mission

jinzhidianbiao
近指点标　proximity marker beacon

jinrun mianji
浸润面积　infiltration area

jingzhen
晶振　crystal oscillator

jingdu
精度　accuracy

jingdu celiang
精度测量　accuracy measurement

jingdu wenti
精度问题　accuracy issue

jingmi jinjin chengxu
精密进近程序
precision approach procedure

jingxi zhidao chuanganqi
精细制导传感器
fine guidance sensor (FGS)

jingyi chanpin jieshao
精益产品介绍
lean product introduction

jingyi feiji jihua
精益飞机计划
lean aircraft initiative (LAI)

jingyi gongyinglian guanli
精益供应链管理
lean supply chain management

jingyi pinggu gongju
精益评估工具　lean assessment tool

jingyi qiye zipinggu gongju
精益企业自评估工具
lean enterprise self-assessment tool
(LESAT)

jinggao xitong
警告系统　warning system

jingbuwending
静不稳定　static instability

jingli ququ shiyan
静力屈曲试验　static buckling test

jingli rongxu yinglichang
静力容许应力场
statically admissible stress field

jingli shiyan
静力试验　static test

jingqidong tanxing
静气动弹性　static aeroelasticity

jingqiangdu
静强度　static strength

jingshuimian
静水面　calm water surface

jingtai bizhang
静态避障　static obstacle avoidance

jingtai ceshi
静态测试　static testing

jingtai denglizi tuiliqi
静态等离子推力器
static plasma thruster

jingtai duanlie xiangying
静态断裂响应　static fracture response

jingtai fenxi
静态分析　static analysis

jingtai fengyan
静态封严　static sealing

jingtai jiaozhun
静态校准　static calibration

jingtai jiegou tixi
静态结构体系　static structural system

jingtai lashen texing
静态拉伸特性　static tensile property

jingtai pilao
静态疲劳　static fatigue

jingtai xianxing jiegou
静态线性结构　static linear structure

jingtai zhang'ai
静态障碍　static obstacle

jingtai zhendong
静态振动　static vibration

jingtai ziyou yingbian
静态自由应变　static free strain

jingwen
静温　static temperature

jingwending
静稳定　static stability

jingya chuanganqi
静压传感器　static pressure sensor

jingyaguan
静压管　static pressure tube

jingyakongguan
静压孔管　static pressure orifice tube

jingyakou
静压口　static port

jiucuo bianma yu jiema
纠错编码与解码

error correction coding and decoding

juxing hangxian feixing
矩形航线飞行　rectangular route flight

juxing jiyi
矩形机翼　rectangular wing

juxing yimian
矩形翼面　rectangular airfoil

juli shuju
距离数据　distance data

juli xishu
距离系数　distance coefficient

juchibo
锯齿波　sawtooth wave

juhewu
聚合物　polymer

jueduan gao
决断高　decision height

jueduan gaodu
决断高度　decision altitude

juedui bianmaqi
绝对编码器　absolute encoder

juedui gaodu
绝对高度　absolute altitude

juedui gongjiao
绝对攻角　absolute angle of attack

juedui jiasudu
绝对加速度　absolute acceleration

juedui kongzhong youshi
绝对空中优势　absolute air superiority

juedui qidong shengxian
绝对气动升限

absolute aerodynamic ceiling

juedui shengxian
绝对升限　absolute ceiling

juedui wendu

绝对温度　absolute temperature

juedui yali

绝对压力　absolute pressure

juedui yali chuanganqi

绝对压力传感器

absolute pressure transducer

junshi daji

军事打击　military attack

junshi renwu

军事任务　military mission

junshi xiangmu

军事项目　military project

junyi

军役　military service

junyong guifan

军用规范　military specification

K

Ka'erman lübo
卡尔曼滤波　Kalman filter (KF)

kaifa
开发　development

kaifa chengben
开发成本　development cost

kaifangshi chuangxin
开放式创新　open innovation

kaifangshi zhuanzi woshan fadongji
开放式转子涡扇发动机
open rotor turbofan engine

kaihuan guangxian tuoluo
开环光纤陀螺
open-loop fiber-optic gyroscope

kaikou jiemian baobiliang
开口截面薄壁梁
open thin-walled beam

kaisan guozai
开伞过载　parachute opening overload

kangfushe nengli
抗辐射能力　radiation resistance

kangganrao
抗干扰　anti-interference

kangganraodu
抗干扰度　immunity

kangganrao nengli
抗干扰能力　anti-interference capability

kangganrao tianxian
抗干扰天线　anti-interference antenna

kangganrao xitong
抗干扰系统　anti-interference system

kangganrao xingneng
抗干扰性能
anti-interference performance

kangyanghua
抗氧化　antioxidant

kechonggou
可重构　reconfigurable

kechongpeizhi xitong
可重配置系统　reconfigurable system

kejianguang renwu zaihe
可见光任务载荷
visible mission payload

kekaoxing
可靠性　reliability

kekaoxing, weixiuxing he baozhangxing
可靠性、维修性和保障性
reliability, maintainability and supportability
(RMS)

kekaoxing wei zhongxin de weixiu
可靠性为中心的维修
reliability centered maintenance (RCM)

keliwu caiji shebei
颗粒物采集设备
particulate acquisition equipment

keliwu penshe shebei
颗粒物喷射设备
particulate spray equipment

keshengchanxing
可生产性　producibility

keweihuxing
可维护性　maintainability

kexingxing yanjiu
可行性研究　feasibility study

keyong qifei huapao juli
可用起飞滑跑距离
available take-off run distance

keyong tuili
可用推力　available thrust

keyong zhongduan qifei juli
可用中断起飞距离
rejected take-off distance available

kong-di tongxin
空-地通信　air-to-ground communication

kongduidi wuqi
空对地武器　air-to-ground weapon

kongduikong renwu
空对空任务　air-to-air mission

kongji zhongliang
空机重量　empty weight

kongjian chuanbo sunhao
空间传播损耗　spatial propagation loss

kongjian fenji
空间分集　spatial diversity

kongjian shuaijian
空间衰减　spatial attenuation

kongjun yanjiu shiyanshi
空军研究实验室
air force research laboratory (AFRL)

kong-kong tongxin
空-空通信　air-to-air communication

kongqi wolun fadongji
空气涡轮发动机　air-turbo engine

kongqi wolun huojian fadongji
空气涡轮火箭发动机
air-turbo rocket (ATR) engine

kongsu
空速　airspeed

kongsu baochi
空速保持　airspeed hold

kongsuguan
空速管　pitot tube

kongsu youbiao
空速游标　airspeed vernier

kongyu
空域　airspace

kongyu baochi nengli
空域保持能力
airspace keeping capacity

kongzhong daiming
空中待命　airborne alert

kongzhong fangzhuang xitong
空中防撞系统
air collision avoidance system

kongzhong huaxing
空中滑行　air glide

kongzhong huishou
空中回收　air recovery

kongzhong jiayou
空中加油　air refueling

kongzhong jiayou taoguan
空中加油套管　air refueling boom

kongzhong jiaotong
空中交通　air traffic

kongzhong jiaotong fuwu
空中交通服务　air traffic service

kongzhong jiaotong guanli
空中交通管理　air traffic management

kongzhong jiaotong guanzhi
空中交通管制　air traffic control

kongzhong jiaotong guanzhi xuke
空中交通管制许可
air traffic control clearance

kongzhong jiaotong jinggao yu fangzhuang xitong
空中交通警告与防撞系统
air traffic alert and collision avoidance system

kongzhong jiaotong taishi ganzhi
空中交通态势感知
air traffic situational awareness

kongzhong qidong
空中起动　in-flight start

kongzhong tingche
空中停车　in-flight shutdown

kongzhong toufang
空中投放　air-drop

kongzhong xiaofang
空中消防　aerial firefighting

kongzhong xingneng
空中性能　in-flight performance

kongtanyi
孔探仪　borescope

kongxilü
孔隙率　porosity

kongzhi banjing
控制半径　control radius

kongzhi danyuan
控制单元   control unit

kongzhi danyuan ruanjian
控制单元软件   control unit software

kongzhi dianlu
控制电路   control circuit

kongzhi fenpei
控制分配   control allocation

kongzhilü
控制律   control law

kongzhi mianban
控制面板   control panel

kongzhi moshi
控制模式   control mode

kongzhi quanxian
控制权限   control permissions

kongzhi xiaolü
控制效率   control efficiency

kongzhi yu baohu zhuangzhi
控制与保护装置
control and protection device

kongzhizhan
控制站   control station

kongzhizhou
控制轴   control axes

kucun guanli
库存管理   inventory control

kucun xitong
库存系统   inventory system

kuashengsu
跨声速   transonic speed

kuaisu chengxing yu zhizao jishu
快速成型与制造技术
rapid prototyping and manufacturing
technology

kuaisu genghuan fadongji
快速更换发动机   quick engine change

kuaisu tiaoxie
快速调谐   fast tuning

kuaisu zhouzhuan xianzhi
快速周转限制   fast turnaround limits

kuaisu zhuangxie
快速装卸   quick attach and detach

kuandai tongxin
宽带通信   broadband communication

kuixian
馈线   feeder

kuixian wangluo
馈线网络   feeder network

kuopin tongxin
扩频通信
spread spectrum communication

kuopin zengyi
扩频增益   spreading gain

kuosanqi
扩散器   diffuser

kuozhan Ka'erman lüboqi

扩展卡尔曼滤波器

extended Kalman filter (EKF)

kuozhan shiju

扩展视距

extended visual line-of-sight (EVLOS)

kuozhanxing

扩展性　expansibility

kuozhan yuce

扩展预测　expansion prediction

kuozhang zhuangtai guanceqi

扩张状态观测器

extended state observer (ESO)

laping
拉平　level off

laba tianxian
喇叭天线　horn antenna

lanjie
拦截　intercept

lanjie yindao
拦截引导　intercept guidance

lanzuwang
拦阻网　arresting barrier

laohua
老化　aging

laohua feiji
老化飞机　aging aircraft

laohua feiji duodian sunshang
老化飞机多点损伤
aging aircraft multisite damage

leida
雷达　radar

leida boxing
雷达波形　radar waveform

leida chuanbo
雷达传播　radar propagation

leida chuanganqi dingwei
雷达传感器定位　radar sensor targeting

leida daodan daoyintou
雷达导弹导引头　radar missile seeker

leida daoyintou
雷达导引头　radar seeker

leida duikang
雷达对抗　radar countermeasure

leida fasheji
雷达发射机　radar transmitter

leida gaodu
雷达高度　radar altitude

leida xitong
雷达系统　radar system

leida yindao
雷达引导　radar vector

leida yindao zhuolu
雷达引导着陆　radar vector landing

leinuoshu
雷诺数　Reynolds number

leiji fengxian hanshu
累计风险函数　cumulative risk function

leijiaqi
累加器　accumulator

lenggere
冷隔热　cooled insulation

lenglu ronghua
冷炉熔化　cold hearth melting (CHM)

lengning
冷凝　condensation

lengningmian
冷凝面　condensing surface

lengning weiji
冷凝尾迹　condensation trail

lengqiti tuijin
冷气体推进　cold-gas propulsion

lengque
冷却　cooling

lengque chuli
冷却处理　cooling treatment

lengque dinglü
冷却定律　law of cooling

lengque fangfa
冷却方法　cooling method

lengque gainian
冷却概念　cooling concept

lengqueji huilu
冷却剂回路　coolant loop

lengque jiezhi
冷却介质　coolant

lengque kongqi
冷却空气　cooling air

lengque kongqi chukou
冷却空气出口　cooling air outlet

lengque kongqi rukou
冷却空气入口　cooling air inlet

lengque qiliu chukou sudu
冷却气流出口速度
cooling air outlet speed

lengque qiliu jinkou wendu
冷却气流进口温度
cooling air inlet temperature

lengque qiliu liuliang
冷却气流流量　cooling air flow

lengque sudu
冷却速度　cooling speed

lengque wolun yepian
冷却涡轮叶片　cooling turbine blade

lengque xitong
冷却系统　cooling system

limibo
厘米波　centimeter wave

lichang kongzhi
离场控制　departure control

lidi gaodu
离地高度　above ground level (AGL)

lisan tufeng
离散突风　discrete gust

lixian ceshi
离线测试　off-line test

lixinshi yaqiji
离心式压气机
centrifugal flow compressor

lidianchi
锂电池　lithium battery

lixue moxing
力学模型　mechanical model

lixue moxing bijiao
力学模型比较
mechanical model comparison

lixue xiangying
力学响应　mechanical response

lixue xingwei
力学行为　mechanical behavior

lizi tuxiang cesu
粒子图像测速
particle image velocimetry

liangan
连杆　connecting rod

lianganduan
连杆端　connecting rod end

lianjieqi
连接器　connector

lianxu ceju
连续测距
continuous distance measurement

lianxu tufeng zaihe
连续突风载荷　continuous gust load

lianxu youhua
连续优化　continuous optimization

lianzhouqi
联轴器　coupling

lianlu caozuoyuan
链路操作员　link operator

lianlu peizhi
链路配置　link configuration

lianlu xingneng
链路性能　link performance

lianlu zhongduan
链路中断　link interruption

liang
梁　spar

liangyouchi
量油尺　dip stick

liewen
裂纹　crack

liewen chuanbo fangzhen
裂纹传播仿真
crack propagation simulation

liewen dingzha
裂纹钉扎　crack pinning

liewen jianduan yingli
裂纹尖端应力　crack-tip stress

liewen jianduan zhangkaijiao
裂纹尖端张开角
crack-tip opening angle

liewen jianduan zhangkai weiyi
裂纹尖端张开位移
crack-tip opening displacement

liewen jiance
裂纹检测　crack detection

liewen kaikou weiyi
裂纹开口位移
crack opening displacement

liewen kuozhan
裂纹扩展　crack growth

liewen kuozhanlü
裂纹扩展率　crack growth rate

liewen leixing
裂纹类型　crack type

liewenyang quexian
裂纹样缺陷　crack-like defect

linjin chuanganqi
邻近传感器　proximity sensor

linjin chuanganqi zuodongqi
邻近传感器作动器
proximity sensor actuator

linjie gaodu
临界高度　critical altitude

linjie shengxian
临界升限　critical ceiling

linjie sunshang yuzhi
临界损伤阈值
critical damage threshold

linjie zaihe
临界载荷　critical load

linjin kongjian wurenji
临近空间无人机　near-space UAVs

linshi mubiao
临时目标　accidental objective

linghuoxing
灵活性　flexibility

lingxing yixing poumian
菱形翼型剖面　diamond airfoil profile

linggongjiao
零攻角　zero angle of attack

liuliang chuanganqi
流量传感器　flow sensor

liuliang guanli
流量管理　flow management

liuliangji
流量计　flow meter

liuti donglixue shiyan jishu
流体动力学实验技术
fluid dynamic experimental technique

liuzhou chuanganqi
六轴传感器　6-axis sensor

lüerujiao
掠入角　grazing angle

luncang
轮舱　wheel well

lungumao
轮毂帽　hub cap

luntai
轮胎　tyre

luntai sudu xianzhong
轮胎速度限重　tire speed limit weight

lunzheng jieduan
论证阶段　demonstration stage

luoding
螺钉　screw

luojie
螺接　screw connection

luomu
螺母　nut

luoshuan
螺栓　bolt

luoxuanjiang
螺旋桨　propeller

luoxuanjiang anzhuang
螺旋桨安装　propeller installation

luoxuanjiang fadongji
螺旋桨发动机　propeller engine

luoxuanjiang feiji
螺旋桨飞机　propeller aircraft

luoxuanjiang gonglü
螺旋桨功率　propeller power

luoxuanjiang leixing
螺旋桨类型　propeller type

luoxuanjiang pinghengyi
螺旋桨平衡仪　propeller balancer

luoxuanjiang tuijin
螺旋桨推进　propeller propulsion

luoxuanjiang xiaolü
螺旋桨效率　propeller efficiency

luoxuanjiang zaosheng
螺旋桨噪声　propeller noise

luoxuanjiang zaosheng yuce
螺旋桨噪声预测

propeller noise prediction

luoxuanjiang zhijing
螺旋桨直径　propeller diameter

luoxuan qianjinding
螺旋千斤顶　jackscrew

lühejin
铝合金　aluminum alloy

lüboqi
滤波器　filter

mahe peiping
马赫配平　Mach trim

maheshu
马赫数　Mach number

mafenduozhi tongxin
码分多址通信
code division multiple access communication

majian ganrao
码间干扰　inter symbol interference

maichong baozhen fadongji
脉冲爆震发动机
pulse detonation engine (PDE)

maichong bianma tiaozhi
脉冲编码调制　pulse code modulation

maichong boxing
脉冲波形　pulse waveform

maichong ceju
脉冲测距　pulse ranging

maichong ceju fangcheng
脉冲测距方程　pulse ranging equation

maichong dengliziti tuiliqi
脉冲等离子体推力器
pulsed plasma thruster

maichong ganrao
脉冲干扰　pulse interference

maichong kuandu tiaozhi
脉冲宽度调制
pulse width modulation (PWM)

maichongshi wolunji
脉冲式涡轮机　impulse turbine

maichong tiaozhi
脉冲调制　pulse modulation

maichong weizhi tiaozhi
脉冲位置调制
pulse position modulation (PPM)

maichong xulie
脉冲序列　pulse sequence

maoding duntou
铆钉镦头　rivet tail

maojie
铆接　riveting

maojielei
铆接肋　riveted rib

meifenzhong zhuansu
每分钟转速
revolutions per minute (RPM)

mengpi
蒙皮　skin

mifengdian
密封垫　gasket

mifengji
密封剂　sealant

mianxuke pinduan
免许可频段　unlicensed frequency band

mianban
面板　panel

mianjibi
面积比　area ratio

miaozhunxian zhiling
瞄准线指令
command to line-of-sight (CLOS)

moni
模拟　simulation

moni xinhao chuanshu
模拟信号传输
analog signal transmission

mo-shu zhuanhuan
模-数转换
analog-to-digital (A/D) conversion

mocahan
摩擦焊　friction welding

mubiao canshu
目标参数　target parameter

mubiao genzong
目标跟踪　target tracking

mubiao tance
目标探测　target detection

mubiao zhongliang
目标重量　target weight

mushi feixing guize
目视飞行规则　visual flight rule

mushi feixing qixiang tiaojian
目视飞行气象条件
visual flight weather condition

mushi juli
目视距离　visual range

mushi yunxing
目视运行
visual line-of-sight (VLOS) operation

neibu jiegou

内部结构　internal structure

neibu keyasuo liudong

内部可压缩流动

internal compressible flow

neibu lengque

内部冷却　internal cooling

neibu ranshao

内部燃烧　internal combustion

neiliu kongqi xitong

内流空气系统　internal air system

nei-waihuan kongzhi

内-外环控制

inner and outer loop control

nengliangpu midu

能量谱密度　energy spectral density

nibianqi

逆变器　inverter

niao zhuang

鸟撞　bird strike

nieji gaowen hejin

镍基高温合金　nickel-based superalloy

niuju zaihe

扭矩载荷　torque load

niulibi

扭力臂　torque arm

nongye zhibao wurenji

农业植保无人机

agricultural plant protection UAVs

O

oujizi tianxian
偶极子天线　dipole antenna

ouran wucha
偶然误差　accidental error

ouheqi
耦合器　coupler

P

pasheng
爬升   climb

pasheng dingdian
爬升顶点   top of climb

pasheng guijijiao
爬升轨迹角   climb trajectory angle

pashenglü
爬升率   rate of climb

pasheng shijian
爬升时间   climb time

pasheng shuiping juli
爬升水平距离
climb horizontal distance

pasheng tidu
爬升梯度   climb gradient

pasheng xianzhong
爬升限重   climb limit weight

pasheng xingneng
爬升性能   climb performance

paiqifa
排气阀   exhaust valve

paiqi penguan
排气喷管   exhaust nozzle

paiqi sudu
排气速度   exhaust velocity

paiqi wendu
排气温度   exhaust gas temperature

paiqi xitong
排气系统   exhaust system

paiyou
排油   oil drain

paiyou huomen
排油活门   oil drain valve

panxuan
盘旋   circling

panxuan banjing
盘旋半径   circling radius

panxuan sulü
盘旋速率   circling rate

panxuan xiajiang
盘旋下降   circling descent

panxuan xingneng
盘旋性能   circling performance

paodao shicheng
跑道视程   runway visual range (RVR)

peiping
配平　trim

peiping tiaozhengpian
配平调整片　trim tab

peiping zitaijiao
配平姿态角　trim attitude angle

peiping zuli xishu
配平阻力系数　trim drag coefficient

peizhong
配重　bob-weight

penguan
喷管　nozzle

penguan liudong
喷管流动　nozzle flow

penguan qidong
喷管启动　nozzle starting

penguan xitong
喷管系统　nozzle system

penguan xingneng
喷管性能　nozzle performance

penguan yalibi
喷管压力比
nozzle pressure ratio (NPR)

penguan yitihua
喷管一体化　nozzle integration

penhou wendu jingxiang poumian
喷喉温度径向剖面
throat temperature radial profile

penliu zhidongqi
喷流致动器　fluid actuator

penqi chongya fadongji
喷气冲压发动机　ramjet

penqi dongli
喷气动力　jet power

penqi fadongji
喷气发动机　jet engine

penqi fadongji tuili
喷气发动机推力　jet engine thrust

penqi fanzuoyong kongzhi
喷气反作用控制　jet reaction control

penqi jinyi
喷气襟翼　jet flap

penwu
喷雾　spray

penwu lengque
喷雾冷却　spray cooling

penwu ranshao
喷雾燃烧　spray combustion

penzui
喷嘴　nozzle

pengzhang
膨胀　inflation

pengzhangji xunhuan
膨胀机循环　expander cycle

pipei lüboqi
匹配滤波器　matched filter

pianhang
偏航　yaw

pianhang jiaosudu
偏航角速度　yaw angular velocity

pianhang liju xishu
偏航力矩系数
yawing moment coefficient

pianhanglü
偏航率　yaw rate

pianhangzhou
偏航轴　yaw axis

pianhang zuniqi
偏航阻尼器　yaw damper

pianliujiao
偏流角　drift angle

pianzhuan
偏转　deflection

piaojiang
飘降　drift down

pinjie
拼接　splice

pindai
频带　frequency range

pinduan
频段　frequency band

pinfen duozhi tongxin
频分多址通信
frequency division multiple access
communication

pinlübi
频率比　frequency ratio

pinlü fanwei
频率范围　frequency range

pinlü wendingdu
频率稳定度　frequency stability

pinlü xiangying
频率响应　frequency response

pinlü xiangying zonghe shibie
频率响应综合识别
comprehensive identification from
frequency responses (CIFER)

pinpu midu
频谱密度　spectral density

pinpu texing
频谱特性　spectral characteristics

pinputu
频谱图　spectrogram

pinyi jiankong
频移键控　frequency shift keying (FSK)

pingfei tuili quxian
平飞推力曲线　level flight thrust curve

pingfei xingneng
平飞性能　level flight performance

pingheng huo caozong tiaozhengpian
平衡或操纵调整片
balance or control tab

pingheng tiaozhiqi
平衡调制器　balanced modulator

pingjun fashe gonglü
平均发射功率　average transmit power

pingjun kongqi donglixian
平均空气动力弦
aerodynamic mean chord

pingjun qidongxian
平均气动弦
mean aerodynamic chord (MAC)

pingjun qidongxian baifenbi
平均气动弦百分比
percent mean aerodynamic chord

pingjun qidongxian qianyuan
平均气动弦前缘
leading edge of the mean aerodynamic chord

pingjun wucha
平均误差　average error

pingtai
平台　platform

pingtai jicheng
平台集成　platform integration

pingtai shengcun nengli
平台生存能力　platform survivability

pingtai xitong
平台系统　platform system

pingtai yingyong
平台应用　platform application

pingwei
平尾　horizontal tail

pinggu
评估　assessment

pinggu jishu
评估技术　assessment technique

pingjia guocheng
评价过程　evaluation process

pingjia zhibiao
评价指标　evaluation index

pojiang
迫降　forced landing

puyi wurenji
扑翼无人机　flapping wing UAVs

putonglei
普通肋　common rib

qipianshi ganrao
欺骗式干扰　deceptive jamming

qidongqi lianjiechu
启动器连接处　starter connection

qi (fashe)–jiang (huishou) kongzhi
起（发射）–降（回收）控制
take-off (launch) and landing (recovery)
control

qidong huomen
起动活门　start valve

qifei anquan sudu (*V*2)
起飞安全速度（*V*2）
take-off safety speed (*V*2)

qifei fenxi
起飞分析　take-off analysis

qifei huapao juli
起飞滑跑距离　take-off run distance

qifei jiasu zhuangzhi
起飞加速装置　take-off booster

qifei juli
起飞距离　take-off distance

qifei jueduan sudu (*V*1)
起飞决断速度（*V*1）
take-off decision speed (*V*1)

qifei sudu
起飞速度　take-off speed

qifei zhongliang
起飞重量　take-off weight

qijiang kongzhizhan
起降控制站
take-off and landing control station

qiluo buju
起落布局　landing configuration

qiluojia
起落架　landing gear

qiluojia cangmen
起落架舱门　landing gear doors

qiluo zhuangzhi
起落装置　landing device

qishi jinjin dingweidian
起始进近定位点
initial approach fix (IAF)

qidong buju
气动布局　aerodynamic configuration

qidong daoshu
气动导数　aerodynamic derivative

qidong ganrao
气动干扰　aerodynamic interaction

qidong retanxing lixue
气动热弹性力学　aerothermoelasticity

qidong sheji
气动设计　aerodynamic design

qidong shengli
气动升力　aerodynamic lift

qidong sifu tanxing
气动伺服弹性
aerodynamic servo elasticity

qidong sifu tanxing fenxi
气动伺服弹性分析
aeroservoelasticity analysis

qidong sifu tanxing lixue
气动伺服弹性力学　aeroservoelasticity

qidong tanxing kongzhi
气动弹性控制　aeroelasticity control

qidong tanxing lixue
气动弹性力学　aeroelastics

qidong tanxing renzheng
气动弹性认证
aeroelasticity certification

qidong tanxing shiyan
气动弹性试验　aeroelasticity testing

qidong tanxing shiyan yu renzheng
气动弹性试验与认证
aeroelasticity testing and certification

qidong texing shuzhi jisuan
气动特性数值计算

numerical calculation of aerodynamic
characteristics

qidong tuijin yitihua
气动推进一体化
aerodynamic propulsion integration

qidong xiangying
气动响应　aerodynamic response

qidong xingneng
气动性能　aerodynamic performance

qidong zhongxin
气动中心　aerodynamic center

qidong zuli
气动阻力　aerodynamic drag

qihou
气候　climate

qihou bianhua
气候变化　climate change

qihou fankui
气候反馈　climate feedback

qihou mingandu
气候敏感度　climate sensitivity

qihou moni
气候模拟　climate simulation

qihou moxing
气候模型　climate model

qihou yingxiang
气候影响　climate impact

qikong
气孔　pore

qiti caiji shebei
气体采集设备
gas acquisition equipment

qiti shifang shebei
气体释放设备　gas delivery equipment

qiya
气压　barometric pressure

qiya gaodu shuju
气压高度数据　barometric height data

qiyaji
气压计　barometer

qigang
汽缸　cylinder

qigangtou
汽缸头　cylinder head

qigang wendu
汽缸温度　cylinder temperature

qiyou
汽油　gasoline

qianjinding zhidian
千斤顶支点　jacking point

qiansuo
牵索　lanyard

qianyinche
牵引车　tractor

qianyinhuan
牵引环　traction ring

qianyin zaihe
牵引载荷　traction load

qianyin zhuangzhi
牵引装置　traction device

qianjinyi
前襟翼　front flap

qianliang
前梁　front spar

qianlun pianhang zaihe
前轮偏航载荷　nose wheel lateral load

qianlun zhuanxiang caozong
前轮转向操纵　nose wheel steering

qianqiluojia
前起落架　nose landing gear

qianshi shijue xitong
前视视觉系统　forward vision system

qianxiang jiucuo bianma
前向纠错编码
forward error correction coding

qianyuan
前缘　landing edge

qianyuan jinyi
前缘襟翼　leading edge flap

qianzhengliuzhao
前整流罩　nose cowling

qiangdu
强度　strength

qiangdu dengzhixian tu
强度等值线图　strength contour map

qiangdu fangcheng
强度方程　strength equation

qiangdu sheji zhongliang
强度设计重量　strength design weight

qiangdu sheji zhunze
强度设计准则　strength design method

qiangdu shuiping
强度水平　strength level

qiangdu yinzi
强度因子　strength factor

qingzhi jiaxin jiegou
轻质夹芯结构
light-weight sandwich structure

qing-yang ranshaoshi
氢-氧燃烧室
hydrogen-air combustion chamber

qingxie zhuanwan caozong
倾斜转弯操纵　tilting turn handing

qingxie zhuanwan kongzhi
倾斜转弯控制　tilting turn control

qingzhuan xuanyi
倾转旋翼　tilt rotor

qingbao shouji
情报收集　intelligence gathering

qiuxing luomu
球形螺母　ball nut

quyu daohang
区域导航　area navigation (RNAV)

qudong gonglü
驱动功率　drive power

qudong jizhi
驱动机制　driving mechanism

qudongli
驱动力　driving force

ququ
屈曲　buckling

ququ shiyan
屈曲试验　buckling test

ququ zaihe
屈曲载荷　buckling load

quzhou
曲轴　crankshaft

quchu maoci
去除毛刺　deburring

quanheng
权衡　trade-off

quanheng fenxi
权衡分析　trade-off analysis

quanheng xiangmu
权衡项目　trade-off project

quanbo zhengliuqi
全波整流器　full-wave rectifier

quanchicun shiwu shiyan
全尺寸实物试验　full scale testing

quandong feixing moniji
全动飞行模拟机　full flight simulator

quanji zaihe
全机载荷　load-on overall aircraft

quanju jianjin wendingxing
全局渐近稳定性
global asymptotic stability

quanqiu dingwei xitong
全球定位系统
global positioning system (GPS)

quanqiu dingwei xitong feixing jiluyi
全球定位系统飞行记录仪
GPS flight recorder

quanqiu dingwei xitong mokuai
全球定位系统模块　GPS module

quanqiu dingwei xitong zitai moshi
全球定位系统姿态模式
GPS attitude mode

quanqiu weixing daohang xitong
全球卫星导航系统
global navigation satellite system (GNSS)

quanqiuying
全球鹰　Global Hawk

quanshouming feiyong
全寿命费用　life-cycle cost

quanwen
全温　total temperature

quanxiang tianxian
全向天线　omnidirectional antenna

quanxiang tianxianzuo
全向天线座
omnidirectional antenna base

quanxiang wuxiandian fanwei
全向无线电范围
omnidirectional radio range

quanzhong
全重　total weight

qunpin xindao de fuyong (duolu tongxin)
群频信道的复用（多路通信）
multiplexing of group frequency channels
(multiplex communication)

qunshiyan
群时延　group delay

ranliao
燃料　fuel

ranliao dianchi
燃料电池　fuel cell

ranliao penwu
燃料喷雾　fuel spray

ranliao ranshao
燃料燃烧　fuel combustion

ranqi jianceyi
燃气检测仪　gas detector

ranqi wolun cailiao
燃气涡轮材料　gas turbine material

ranqi wolun fadongji
燃气涡轮发动机　gas turbine engine

ranqi wolun fadongji jinqidao
燃气涡轮发动机进气道
gas turbine engine inlet

ranqi wolun fadongji jinqidao xingneng
燃气涡轮发动机进气道性能
gas turbine engine inlet performance

ranqi wolun fadongji ranshaoshi
燃气涡轮发动机燃烧室
gas turbine engine combustor

ranqi wolun ranyou kongzhi
燃气涡轮燃油控制
gas turbine fuel control

ranqi wolun ranyou kongzhi xitong
燃气涡轮燃油控制系统
gas turbine fuel control system

ranqi wolun xiangrongxing
燃气涡轮相容性
gas turbine compatibility

ranshao buwendingxing
燃烧不稳定性　combustion instability

ranshaore
燃烧热　heat of combustion

ranshaoshi
燃烧室　combustor

ranshaoshi chenli
燃烧室衬里　combustor liner

ranshaoshi liudao
燃烧室流道　combustor flow path

ranshaoshi yali
燃烧室压力
combustion chamber pressure

ranshaoshi yaqiang

燃烧室压强

combustion chamber pressure

ranshao sudu

燃烧速度　combustion speed

ranshao texing

燃烧特性　combustion characteristic

ranshao xiaolü

燃烧效率　combustion efficiency

ranshao zhuangzhi

燃烧装置　combustion device

ransu

燃速　burning rate

ransu cuihuaji

燃速催化剂　burning-rate catalyst

ranyou

燃油　fuel

ranyoubeng

燃油泵　fuel pump

ranyoubeng lianjiechu

燃油泵连接处　fuel pump connection

ranyoubeng zongcheng

燃油泵总成　fuel pump assembly

ranyou celiang

燃油测量　fuel measurement

ranyou chouxi

燃油抽吸　fuel pumping

ranyou chucun

燃油储存　fuel storage

ranyou fangchu

燃油放出　fuel jettison

ranyouguan

燃油管　fuel pipe

ranyou guanli

燃油管理　fuel management

ranyou hunhe

燃油混合　fuel mixing

ranyou jihua

燃油计划　fuel plan

ranyou jiawenqi

燃油加温器　fuel heater

ranyou kongzhi

燃油控制　fuel control

ranyou kongzhi xitong

燃油控制系统　fuel control system

ranyou kongzhi zhuangzhi

燃油控制装置　fuel control unit (FCU)

ranyou lengque xitong

燃油冷却系统　fuel cooling system

ranyou liuliang

燃油流量　fuel flow

ranyou penzui

燃油喷嘴　fuel nozzle

ranyou penzui texing
燃油喷嘴特性
fuel nozzle characteristics

ranyou shusong
燃油输送　fuel transfer

ranyou xitong
燃油系统　fuel system

ranyouxiang
燃油箱　fuel tank

ranyouxiang baohu
燃油箱保护　fuel tank protection

ranyouxiang buju
燃油箱布局　fuel tank configuration

ranyouxiang buzhi
燃油箱布置　fuel tank arrangement

ranyouxiang ceshi
燃油箱测试　fuel tank testing

ranyouxiang duohua
燃油箱惰化　fuel tank inerting

ranyouxiang tongqi
燃油箱通气　fuel tank venting

ranyou xiaohao (youhao)
燃油消耗（油耗）　fuel consumption

ranyou xiaohao quxian
燃油消耗曲线　fuel consumption curve

ranyou xiaolü
燃油效率　fuel efficiency

ranyou xuqiuliang
燃油需求量　fuel demand

ranyou yali tiaojie
燃油压力调节　fuel pressure regulation

raodong
扰动　disturbance

raoliuban
扰流板　spoiler

rechengxiang
热成像　thermal imaging

rechengxiang renwu zaihe
热成像任务载荷
thermal imaging payload

redian huanrao
热点环绕　point of interest (POI)

redian chuanganqi
热电传感器　thermoelectric sensor

redian zhuanhuan zhuangzhi
热电转换装置
thermoelectric conversion device

refangbing
热防冰　thermal anti-icing

reguanli
热管理　thermal management

reguangxue xingneng
热光学性能　thermal-optical property

rejiaohuanqi
热交换器　heat exchanger

rekongqi rukou
热空气入口　hot air inlet

reliu chuanganqi
热流传感器　heat flux sensor

remindianzu
热敏电阻　thermistor

resheji
热设计　thermal design

resuxing
热塑性　thermoplasticity

resuxing shuzhi
热塑性树脂　thermoplastic resin

rexianshi chuganqi
热线式传感器　hot wire sensor

rezaosheng
热噪声　thermal noise

rengong caozong kekaoxing
人工操纵可靠性
manual operation reliability

renwei yinsu
人为因素　human factor

renwei yingxiang
人为影响　human influence

renzheng chengxu
认证程序　certification program

renzheng guocheng
认证过程　certification process

renwu banjing
任务半径　mission radius

renwu baozhang
任务保障　mission support

renwu chenggonglü
任务成功率　mission success rate

renwu fenpei
任务分配　mission assignment

renwu fenxi
任务分析　mission analysis

renwu guanli xitong
任务管理系统
mission management system

renwu guihua
任务规划　mission planning

renwu guihuayuan
任务规划员　mission planner

renwu huanjing
任务环境　mission environment

renwu kemu
任务科目　mission task element (MTE)

renwu kongzhi
任务控制　mission control

renwu kongzhizhan
任务控制站　mission control station

renwu leixing
任务类型　mission type

renwu ouhe
任务耦合　mission coupling

renwu poumian
任务剖面　mission profile

renwu sheji
任务设计　mission design

renwu xianzhi
任务限制　mission constraint

renwu xuqiu
任务需求　mission requirement

renwu yu feixingqi guanli xitong
任务与飞行器管理系统
mission and vehicle management (MVM)
system

renwu zaihe
任务载荷　mission payload

renwu zaihe caozuoyuan
任务载荷操作员
mission payload operator

renwu zaihe guihua
任务载荷规划
mission payload planning

renwu zaihe kongzhi
任务载荷控制　mission payload control

renwu zaihe leixing
任务载荷类型　payload mission type

renwu zaihe xinxi
任务载荷信息
mission payload information

renwu zhongzhi
任务终止　mission termination

renxing
韧性　toughness

renxing jiegou jinshu
韧性结构金属　ductile structural metal

renxing texing
韧性特性　toughness characteristics

rongcuo gongdian
容错供电　fault tolerant power supply

rongcuo kongzhi
容错控制　fault tolerant control

rongjishi fadongji
容积式发动机
positive displacement engine

rongjishi yaqiji
容积式压气机
positive displacement compressor

rongduanqi
熔断器　fuse

rongmu zhuzao
熔模铸造　investing casting

ronghe kongyu
融合空域　fusion airspace

rouxing banyizhan moxing
柔性半翼展模型
flexible semispan model

rouxingyi
柔性翼　flexible wing

rukou wendu
入口温度　inlet temperature

ruanjian wuxiandian
软件无线电　software defined radio

runhua liulu
润滑流路　lubrication path

runhua xitong
润滑系统　lubrication system

runhua xitong qingxi
润滑系统清洗
lubrication system cleaning

sanjiaoyi
三角翼　delta wing

sankong tanzhen
三孔探针　three-hole probe

santong
三通　tee

sanxiang jingzhi bianliuqi
三相静止变流器
three phase static converter

sanchilunxiang
伞齿轮箱　angle gearbox

sanjiang huishou
伞降回收　parachute recovery

sanjiang huishou sudu
伞降回收速度
parachute recovery speed

sanjiang sudu
伞降速度　parachute descent speed

sanyi
伞翼　parawing

sanyi wurenji
伞翼无人机　parawing UAVs

shache
刹车　brake

shache nengliang xianzhi zhongliang
刹车能量限制重量
brake energy limit weight

shache xitong
刹车系统　brake system

shangwang yuqi
伤亡预期　casualty expectation

shangye hangkong yunshu yunxing
商业航空运输运行
commercial air transport operation

shangbianpin
上变频　up conversion

shangbianpinqi
上变频器　up converter

shangdanyi
上单翼　high wing

shangfanjiao
上反角　anhedral

shangweisuo
上位锁　uplock

shangxing shujulian
上行数据链　uplink data link

shaoshi
烧蚀　ablation

shaoshi cailiao
烧蚀材料　ablator

shaoshi jiguang tuiliqi
烧蚀激光推力器　ablative laser thruster

shaoshi tuiliqi
烧蚀推力器　ablative thruster

shebei anzhuang zhijia
设备安装支架
equipment mounting bracket

shebei guifan
设备规范　equipment specification

shebei texing
设备特性　equipment characteristics

shebei zhendong
设备振动　equipment vibration

shebei zhongxin
设备中心　equipment center

sheji baozheng
设计保证　design assurance

sheji bianliang
设计变量　design variable

sheji bianliangyu
设计变量域　design variable zone

sheji canshu
设计参数　design parameter

sheji dingxing jieduan
设计定型阶段　design finalization stage

sheji fangfa
设计方法　design method

sheji fenlimian
设计分离面　initial breakdown interface

sheji guocheng
设计过程　design process

sheji he kaifa
设计和开发　design and development

sheji jishu
设计技术　design technology

sheji jiegou juzhen
设计结构矩阵　design structure matrix

sheji pingshen
设计评审　design review

sheji qifei zhongliang
设计起飞重量　design take-off weight

sheji renzheng
设计认证　design certification

sheji shujuji
设计数据集　design dataset

sheji sudu
设计速度　design speed

sheji tedian
设计特点　design characteristics

sheji tiaozhan
设计挑战　design challenge

sheji wenti
设计问题　design problem

sheji xianzhi
设计限制　design limit

sheji xiangliang
设计向量　design vector

sheji yaoqiu
设计要求　design requirement

sheji yinsu
设计因素　design factor

sheji yingyong
设计应用　design application

sheji youhua
设计优化　design optimization

sheji yuliang
设计余量　design margin

sheji yueshu
设计约束　design constraint

sheji zhinan
设计指南　design guideline

sheji zhongliang
设计重量　design weight

sheji zhunze
设计准则　design principle

shecheng zhi wai
射程之外　out of range

sheliu
射流　jet

sheliu chongji
射流冲击　jet impingement

shepin
射频　radio frequency (RF)

shepin chuli
射频处理　radio frequency processing

shepin daikuan
射频带宽　radio frequency bandwidth

shepin denglizi
射频等离子　radio frequency plasma

shepin fushe zhaoshe
射频辐射照射
radio frequency radiation exposure

shepin jiekou
射频接口　radio frequency interface

shepin xindao
射频信道　radio frequency channel

shepin xindao de fuyong (duozhitongxin)
射频信道的复用（多址通信）
multiplexing of radio frequency channels
(multiple access communication)

shepin zhaoshe
射频照射　radio frequency exposure

shepin zixitong
射频子系统　radio frequency subsystem

shexiangtou
摄像头　camera

shengaopin
甚高频　very high frequency (VHF)

shengaopin boduan
甚高频波段
very high frequency (VHF) band

shengaopin quanxiang wuxiandian
xinbiao
甚高频全向无线电信标
VHF omni-directional radio range (VOR)
beacon

shengaopin quanxiang xinbiao
甚高频全向信标
VHF omni-directional beacon

shengjiangduo
升降舵　elevator

shengjiangduo caozong
升降舵操纵　elevator control

shengjiangduoji
升降舵机　elevator actuator

shengjiangduomian
升降舵面　elevator control surface

shengjiangduo pianzhuanjiao
升降舵偏转角　elevator deflection

shengjiang tongdao
升降通道　lift-way

shengkong jieduan
升空阶段　lift-off phase

shengli
升力　lift

shengli quxian
升力曲线　lift curve

shengli xishu
升力系数　lift coefficient

shenglixian moxing
升力线模型　lift line model

shengwen sulü
升温速率　temperature rise rate

shengxian
升限　ceiling

shengxian gaodu
升限高度　ceiling altitude

shengzhongbi
升重比　lift-to-weight ratio

shengzubi
升阻比　lift drag ratio

shengchan chengben
生产成本　production cost

shengchan jishu
生产技术　production technology

shengchanlü
生产率　productivity

shengchan xukezheng
生产许可证　production certificate

shengchan yu jingying
生产与经营　production and operation

shengcun nengli
生存能力　survivability

shengcun nengli pingheng
生存能力平衡　survivability balance

shengcun yanjiu
生存研究　survival research

shengming tance
生命探测　life detection

shengming zhouqi
生命周期　life cycle

shengming zhouqi chengben
生命周期成本　life-cycle cost

shengming zhouqi chengben yaosu
生命周期成本要素
life-cycle cost element

shengming zhouqi gongcheng
生命周期工程　life-cycle engineering

shengbao
声爆　sonic boom

shengxue shiyan
声学试验　acoustic test

shengya shuiping
声压水平　sound pressure level (SPL)

shengzhen shiyan
声振试验　acoustic vibration test

shikong baohu
失控保护　runaway safeguard

shiqu lianxi
失去联系　lost

shisu
失速　stall

shisu gaojing
失速告警　stall warning

shisu shengli xishu
失速升力系数　stall lift coefficient

shisu sudu
失速速度　stall speed

shixiao baohu guzhang anquan
失效保护/故障安全　fail-safe

shixiao gailü
失效概率　failure probability

shixiao jili
失效机理　failure mechanism

shixiao jiange shijian
失效间隔时间　time between failures

shixiao yanzheng
失效验证　failure verification

shixiao yuanyin
失效原因　failure cause

shixiao zhunze
失效准则　failure criterion

shizong
失踪　missing

shiliujinzhi bianma xitong
十六进制编码系统
hexadecimal numbering system

shizi luosiding
十字螺丝钉　cross screw

shizixing weiyi
十字形尾翼　cross tail

shifen duozhi tongxin
时分多址通信
time division multiple access communication

shiyu fenxi
时域分析　time-domain analysis

shiyu zhuanhuan
时域转换　time-domain conversion

shizhong maichong
时钟脉冲　clock pulses

shiji zhongliang
实际重量　actual weight

shiji zhongliang baogao
实际重量报告　actual weight report

shishi liucheng
实施流程　implementation process

shishi caozuo xitong
实时操作系统
real-time operating system (RTOS)

shishi dongtai
实时动态　real-time kinematic (RTK)

shishi fangzhen
实时仿真　real-time simulation

shishi jianmo yu fangzhen
实时建模与仿真
real-time modeling and simulation

shishi juece
实时决策　real-time decision-making

shishi ruanjian
实时软件　real-time software

shishi weiju chafen
实时伪距差分
real-time pseudo-range differential

shishi xitong
实时系统　real-time system

shiyan
实验　experiment

shiyan diaocha
实验调查　experimental investigation

shiyan fangfa
实验方法　experimental method

shiyan feiji jihua
实验飞机计划
experimental aircraft programme (EAP)

shiyan jishu
实验技术　experimental technique

shiyan jiaozheng
实验校正　experimental correction

shiyan jieguo
实验结果　experimental result

shiyan sheji
实验设计　design of experiment (DOE)

shiyanshi moni
实验室模拟　laboratory simulation

shiyan yanjiu
实验研究　experimental study

shiyan zhuangzhi
实验装置　experimental facility

shiyong feixingqi xingneng
实用飞行器性能
applied aircraft performance

shiyong shengxian
实用升限　service ceiling

shiyong kongzhong
使用空重　operating empty weight

shiyong qixian
使用期限　service life

shiyong shouming yuce
使用寿命预测　service life prediction

shiyong zhong shuju
使用中数据　in-service data (ISD)

shijie cedi xitong
世界测地系统　world geodetic system

shigu
事故　accident

shigu zhenghou
事故征候　incident

shishengchan jieduan
试生产阶段　trial production stage

shiyangji
试样机　prototype

shichang
视场　field of view (FOV)

shijue chuanganqi
视觉传感器　vision sensor

shijue daohang
视觉导航　visual navigation

shijue tuoluoyi
视觉陀螺仪　visual gyroscope

shiju
视距　light of sight (LOS)

shiju chuanbo
视距传播
light-of-sight (LOS) propagation

shiju nei
视距内　visual line of sight (VLOS)

shiju tongxin
视距通信　line-of-sight communication

shiju zhixiang wucha
视距指向误差
line-of-sight pointing error

shipin renwu zaihe
视频任务载荷　video mission payload

shipin xinhao
视频信号　video signal

shiqing weixiu
视情维修
on-condition (OC) maintenance

shihang
适航　airworthiness

shihang guanli
适航管理　airworthiness management

shihang pizhun
适航批准　airworthiness approval

shihangzheng
适航证　airworthiness certificate (AC)

shihang zhiling
适航指令　airworthiness directives (AD)

shiying jishu
适应技术　adaptation technique

shiying lüboqi
适应滤波器　adaptive filter

shiying wenti
适应问题　adaptation issue

shifang zhuangzhi
释放装置　release device

shoufang jigou zaihe
收放机构载荷
load of retracting and releasing mechanism

shoufangshi qiluojia
收放式起落架　retractable landing gear

shoulian
收敛　convergence

shoulian-kuozhang penguan
收敛-扩张喷管
convergent-divergent nozzle

shoulian penguan
收敛喷管　convergent nozzle

shouce
手册　manuals

shouchishi kongzhi danyuan
手持式控制单元　hand-held control unit

shoudong jiebing tance xitong
手动结冰探测系统
primary manual ice detection system
(PMIDS)

shoudong moshi
手动模式　manual mode

shoujian jianding
首件鉴定　first article inspection

shouming quxian
寿命曲线　life curve

shouming youxian de zujian
寿命有限的组件
life-limited component

shouguanzhi kongyu
受管制空域　controlled airspace

shuru/shuchu duankou
输入/输出端口　input/output (I/O) port

shuru zukang
输入阻抗　input impedance

shujubao
数据包　data pack

shuju biaozhunhua
数据标准化　data normalization

shuju caiji
数据采集　data acquisition

shuju chuli
数据处理　data handing

shuju fenfa
数据分发　data distribution

shuju fenxi
数据分析　data analysis

shuju fenxi jishu
数据分析技术　data analysis technique

shuju houqi chuli wenti
数据后期处理问题
data post processing issue

shuju huifang
数据回放　data replay

shuju huoqu
数据获取　data capture

shujuji
数据集　data set

shuju jilu
数据记录　data record

shuju jiluyi
数据记录仪　data recorder

shuju jiansuo
数据检索　data retrieval

shuju jianhua
数据简化　data reduction

shuju jieshou
数据接收　data receiving

shuju jiexi
数据解析　data parse

shujulian
数据链　data link

shujulian guanli
数据链管理　data link management

shujulian guihua
数据链规划　data link planning

shujulianluceng chuli
数据链路层处理
data link layer processing

shujulian rongyu sheji
数据链冗余设计
data link redundancy design

shujulian shebei
数据链设备　data link equipment

shujulian tongxin
数据链通信　data link communication

shuju miaoshu
数据描述　data description

shuju qingxi
数据清洗　data cleaning

shuju ronghe
数据融合　data fusion

shuju shouji
数据收集　data collection

shuju sulü
数据速率　data rate

shuju xitong
数据系统　data system

shuju xiuzheng
数据修正　data correction

shuju yasuo
数据压缩　data compression

shuju yuchuli
数据预处理　data pretreatment

shujuzhen
数据帧　data frame

shujuzhen geshi
数据帧格式　data frame format

shuju zhongduan
数据终端　data terminal

shuju zhuanhuan
数据转换　data conversion

shuju zongxian
数据总线　data bus

shuju zongxian kongzhi ruanjian
数据总线控制软件
data bus control software

shu-mozhuanhuan
数-模转换
digital-to-analog (D/A) conversion

shuxue fangzhen
数学仿真
mathematical simulation

shuzi chengxiang
数字成像　digital imaging

shuzi jiami
数字加密　digital encryption

shuzi shuju lianlu tongxin
数字数据链路通信
digital data link communications

shuzi suoxianghuan
数字锁相环
digital phase locked loop (DPLL)

shuzi tianxian
数字天线　digital antenna

shuzi tiaofu

数字调幅

digital amplitude modulation (AM)

shuzi tiaopin

数字调频

digital frequency modulation (FM)

shuzi tiaoxiang

数字调相

digital phase modulation (PM)

shuzi tiaozhi

数字调制　digital modulation

shuzi tuxiang chuanshu

数字图像传输

digital image transmission

shuzi tuxiang xiangguan

数字图像相关

digital image correlation (DIC)

shuzi xinhao chuli

数字信号处理

digital signal processing (DSP)

shuzi xinhao chuliqi

数字信号处理器

digital signal processor

shuzi xinhao chuanshu

数字信号传输

digital signal transmission

shuzi xinxi chuli

数字信息处理

digital information processing

shuaijian

衰减　attenuation

shuailuo yudu

衰落裕度　fading margin

shuangliangshi jiyi

双梁式机翼　double beam wing

shuangmo chaoran chongya fadongji

双模超燃冲压发动机

dual-mode scramjet engine

shuangmo fadongji

双模发动机　dual-mode engine

shuangsanjiaoyi

双三角翼　double delta wing

shuangse daoyintou

双色导引头　bichromatic seeker

shuilu liangqi

水陆两栖　amphibious

shuiping andingmian

水平安定面　horizontal stabilizer

shuiping daohang

水平导航　horizontal navigation

shuiping duizhi

水平对置　horizontal opposition

shuiping qifei yu zhuolu

水平起飞与着陆

horizontal take-off and landing

shuiping tuoluoyi
水平陀螺仪　horizontal gyroscope

shuiping weiyi
水平尾翼　horizontal tail

shuiping weiyi buduichen zaihe
水平尾翼不对称载荷
asymmetric load of horizontal tail

shuiping weiyi mianji
水平尾翼面积　horizontal tail area

shuiping xietiao zhuanwan
水平协调转弯
horizontal coordinated turning

shuiping yidong
水平移动　horizontal movement

shuiping yuandi xuanzhuan
水平原地旋转
horizontal rotation in situ

shuishang huishou
水上回收　water recovery

shuixian
水线　water line

shunfeng
顺风　tail wind

shunxu jiankong
顺序监控　sequence monitoring

shunxu zhixing
顺序执行　sequence execution

shuntai xiangying
瞬态响应　transient response

sifu duoji
伺服舵机　servo actuator

sifufa
伺服阀　servo valve

sifu jigou
伺服机构　servo mechanism

sifu kongzhi
伺服控制　servo control

sifu kongzhiqi
伺服控制器　servo controller

sifu xitong
伺服系统　servo system

sifu zhuantai
伺服转台　servo turntable

songjin luotao
松紧螺套　turnbuckle

sudu caiji mokuai
速度采集模块
speed acquisition module

sudu celiang
速度测量　speed measurement

sudu dongtai fanwei
速度动态范围　speed dynamic range

sudu tupo
速度突破　speed break

sulü tuoluoyi
速率陀螺仪　rate gyro/rate gyroscope

suzhu jisuanji
宿主计算机　host computer

suliaojian
塑料件　plastic parts

suxing bianxing
塑性变形　plastic deformation

suxing kailie
塑性开裂　plastic cracking

suxing ququ
塑性屈曲　plastic buckling

suidong buchangpian
随动补偿片　balance tab

suiji wucha
随机误差　random error

suiji zhendong shiyan
随机振动试验　random vibration test

suiji zhendong zaihe
随机振动载荷　random vibration load

sunshang fengxian
损伤风险　damage risk

sunshang fengxian pinggu
损伤风险评估　damage risk assessment

sunshang gailü
损伤概率　damage probability

sunshang jiance (tanshang)
损伤检测（探伤）　damage detection

sunshang pinggu
损伤评估　damage assessment

sunshang rongxian
损伤容限　damage tolerance

sunshang rongxianxing cailiao
损伤容限型材料
damage-tolerant material

sunshang yanbian
损伤演变　damage development

sunshang zhenduan
损伤诊断　damage diagnosis

sunshang zhishu
损伤指数　damage index

suobi fangfa
缩比方法　scaling method

suobi shiyan
缩比试验　scaling test

suojin zhizhu
锁紧支柱　locking strut

suojin zhuangzhi
锁紧装置　locking device

T xing weiyi
T形尾翼　T-tail

tailun sudu
抬轮速度　rotation speed

taiqianlun
抬前轮　lift the front wheel

taiyangneng dianchi
太阳能电池　solar cell

taiyangneng dianchizhen
太阳能电池阵　solar array

taiyangneng guangdianban
太阳能光电板　photovoltaics

taiyangneng xitong
太阳能系统　solar system

taishi ganzhi
态势感知　situational awareness

taihejin
钛合金　titanium alloy

tanxing bianxing
弹性变形　elastic deformation

tanxing cailiao
弹性材料　elastic material

tanxing feiji
弹性飞机　elastic aircraft

tanxing jiegou
弹性结构　elastic structure

tanxing pengzhuang
弹性碰撞　elastic collision

tanceqi
探测器　detector

teji feixing
特技飞行　trick flight

tezhong fengdong shiyan
特种风洞试验　special wind tunnel test

tezhong wurenji
特种无人机　special UAVs

tiqianjiao
提前角　lead angle

tixingdeng
提醒灯　attention light

tianwen daohang
天文导航　celestial navigation

tianxian
天线　antenna

tianxian ceshi
天线测试　antenna test

tianxian fangxiangtu
天线方向图　antenna pattern

tianxian fangdaqi
天线放大器　antenna amplifier

tianxian gelidu sheji
天线隔离度设计
antenna isolation design

tianxian zengyi
天线增益　antenna gain

tianxianzhen
天线阵　antenna array

tianxian zhenzi
天线振子　antenna oscillator

tianxian zhuantai
天线转台　antenna turntable

tianxian zukang pipei
天线阻抗匹配
antenna impedance matching

tianxian zujian
天线组件　antenna assembly

tiaofu
调幅　amplitude modulation

tiaofu xinhao
调幅信号　amplitude modulation signal

tiaojie
调节　regulate

tiaopin
调频　frequency modulation

tiaopin xinhao
调频信号　frequency modulation signal

tiaoxiang
调相　phase modulation

tiaoyaqi
调压器　pressure regulator

tiaozhengpian
调整片　adjustment sheet

tiaozhi
调制　modulation

tiaozhi fangshi
调制方式　modulation mode

tiaozhi jietiaoqi
调制解调器　modem

tiaozhi maichong
调制脉冲　modulated pulse

tiaozhi shendu
调制深度　modulated depth

tiaozhi tongxin wangluo
调制通信网络
modulation communication networking

tiaozhi zhishu
调制指数　modulation index

tiaopin kuopin
跳频扩频
frequency-hopping spread spectrum (FHSS)

tiaoshi kuopin
跳时扩频
time-hopping spread spectrum (THSS)

tiexiu
铁锈　rust

tingzhuan zhidongqi
停转制动器　spin brake

tongpindai
通频带　band-pass

tongqi-jinqikou
通气-进气口　vent scoop

tongqi zhuangzhi
通气装置　breather

tongxin jizhan
通信基站　communication base station

tongxin juli
通信距离　communication distance

tongxin tixi jiegou
通信体系结构
communication architecture

tongxin tizhi
通信体制　communication system

tongxin weixing
通信卫星
communication satellite (COMSAT)

tongxin zhiliang
通信质量　communication quality

tongxin zhongji
通信中继　communication relay

tongxin zhongji wurenji
通信中继无人机
communication relay UAVs

tongxin zhongjizhan
通信中继站
communication relay station

tongyong chuliqi
通用处理器　general purpose processor

tongyong guanli xitong
通用管理系统
utilities domain management system

tongyong kongzhi xitong
通用控制系统
utilities control system (UCS)

tongyongxing
通用性　generality

tongyong zhiliang texing
通用质量特性
general quality characteristics

tongbu chuanxing shuju
同步串行数据　synchronous serial data

tongbu dianji
同步电机　synchronous motor

tongbu genzong jingdu
同步跟踪精度
synchronous tracking accuracy

tongbu kongzhi
同步控制　synchronous control

tongbu tongxin
同步通信　synchronous communication

tongxindu
同心度　concentricity

tongxinzhou
同心轴　coaxial shaft

toubu zhengliuzhao
头部整流罩　nose cowling

toujing tianxian
透镜天线　lens antenna

tufaxing guzhang
突发性故障　sudden fault

tuxiang chuli
图像处理　image processing

tuxiang chuli danyuan
图像处理单元
graphic processing unit (GPU)

tuxiang chuanshu
图像传输　image transmission

tuxiang fasheqi
图像发射器　image transmitter

tuxiang jieshouqi
图像接收器　image receiver

tuxiang jieya
图像解压　image decompression

tuxiang suanfa chuliqi
图像算法处理器
image algorithm processor

tuxiang yasuo
图像压缩　image compression

tuceng yingzhi hejin
涂层硬质合金　coated carbide

tuanliu
湍流　turbulence

tuanduiji guzhang jiance
团队级故障检测
team-level fault detection

tuandui xietong kongzhi
团队协同控制　team cooperative control

tuijin fadongji paifang
推进发动机排放
propulsion engine emission

tuijin jichu
推进基础　propulsion foundation

tuijin jishu
推进技术　propulsion technology

tuijinji
推进剂　propellant

tuijinji fenlei
推进剂分类　propellant classification

tuijinji gongji xitong
推进剂供给系统
propellant feed system

tuijinji gongji xitong sheji
推进剂供给系统设计
propellant feed system design

tuijinji jichu
推进剂基础　propellant fundamental

tuijinji xingtai
推进剂形态　propellant morphology

tuijinji xuanze
推进剂选择　propellant selection

tuijinli
推进力　propulsion

tuijinli yitihua
推进力一体化　propulsion integration

tuijinli yitihua yuanze
推进力一体化原则
propulsion integration principle

tuijin qidong yitihua
推进气动一体化
propulsion aerodynamic integration

tuijinqi
推进器　thruster

tuijin xitong
推进系统　propulsion system

tuijin xitong xuanze
推进系统选择
propulsion system selection

tuijin xitong xunhuan
推进系统循环　propulsion system cycle

tuijin yu dongli
推进与动力　propulsion and power

tuili
推力　thrust

tuili chansheng
推力产生　thrust generation

tuili chansheng penzui
推力产生喷嘴　thrust-generating nozzle

tuili fangcheng
推力方程　thrust equation

tuili kongzhi
推力控制　thrust control

tuili pingheng xitong
推力平衡系统　thrust balance system

tuiliqi fushe
推力器辐射　thruster radiation

tuiliqi sunshi jizhi
推力器损失机制
thruster loss mechanism

tuiliqi xiaolü
推力器效率　thruster efficiency

tuili shiliang jishu
推力矢量技术
thrust vector technology

tuili shiliang kongzhi danyuan
推力矢量控制单元
thrust vector control unit

tuili shiliang xingneng

推力矢量性能

thrust vector performance

tuilishi jicheng

推力室集成　thrust chamber integration

tuilishi sheji

推力室设计　thrust chamber design

tuilitai celiang

推力台测量　thrust stand measurement

tuili xishu

推力系数　thrust coefficient

tuili xianzhi

推力限制　thrust limit

tuili zengjia

推力增加　thrust augmentation

tuili zhendang

推力振荡　thrust oscillation

tuili zhuanxiang

推力转向　thrust deflexion

tuili zhuanyi

推力转移　thrust transfer

tuizhongbi

推重比　thrust-weight ratio

tuojia

托架　bracket

tuoluo jiasuduji

陀螺加速度计　gyro accelerometer

tuoluo wending pingtai

陀螺稳定平台

gyroscope stabilized platform

tuoluoyi

陀螺仪　gyroscope

waibu gaowen ranqi zhuliu
外部高温燃气主流
external hot gas main flow

waichang caozuoyuan
外场操作员　outfield operator

waiguawu qidong texing
外挂物气动特性
aerodynamic characteristics of external stores

waijie daqi wendu
外界大气温度　outside air temperature

wailaiwu sunhuai
外来物损坏　foreign object damage

waixing dingyi
外形定义　shape definition

waixing gaijin
外形改进　shape refinement

waiyi
外翼　outer wing

wanqu banjing
弯曲半径　bending radius

wanqu pilao shiyan
弯曲疲劳试验　bending fatigue test

wanqu yuanjian
弯曲元件　bending member

wangluo anquan
网络安全　network security

wangluoceng chuli
网络层处理　network layer processing

wangluo fenxi
网络分析　network analysis

wangluo jiekou
网络接口　network interface

wangluo yuancheng chuanshu
网络远程传输
network remote transmission

wangluo zuzhi
网络组织　network organization

weichuliqi
微处理器　microprocessor

weichuanganqi
微传感器　microsensor

weijidian chuanganqi
微机电传感器　MEMS sensor

weijidian guanxing shebei

微机电惯性设备

MEMS inertial equipment

weijidian jiasuduji

微机电加速度计　MEMS accelerometer

weijidian tuoluoyi

微机电陀螺仪　MEMS gyroscope

weijidian xitong

微机电系统

micro-electro-mechanical systems (MEMS)

weikongzhiqi

微控制器　microcontroller

weixing wurenji

微型无人机　micro-UAVs

weihu yuce

维护预测　maintenance forecasting

weixiu

维修　maintenance

weixiu jibie

维修级别　maintenance level

weixiu jiance

维修检测　maintenance test

weima ceju

伪码测距

pseudo-code distance measurement

weima kuopin xinxizhen ceju

伪码扩频信息帧测距

pseudo-code spread spectrum information frame ranging

weibu changdu

尾部长度　after body length

weibu kongzhi

尾部控制　tail control

weibu wo

尾部涡　trailing vortex

weicheng

尾撑　tail boom

weiduan kongzhi

尾段控制　aft control

weiguan

尾管　tail pipe

weiji buzhuo

尾迹捕捉　wake capture

weiji moxing

尾迹模型　wake model

weiji woliu

尾迹涡流　wake vortex

weiji xingcheng

尾迹形成　wake formation

weijiang

尾桨　tail-rotor

weijiang buju

尾桨布局　tail-rotor configuration

weijiang ganrao

尾桨干扰　tail-rotor interaction

weixuan zaihe
尾旋载荷　tail spin load

weiyi
尾翼　tail fin

weiyi kongzhi
尾翼控制　tail fin control

weiyi rongji xishu
尾翼容积系数　tail volume coefficient

weizhou pianbailiang
尾轴偏摆量　tail shaft eccentricity

weixing daohang
卫星导航　satellite navigation

weixing zhongji shujulian
卫星中继数据链

data link by satellite relay

weixing zhongji tongxin
卫星中继通信

satellite relay communication

weixing zhongjizhan
卫星中继站　satellite relay station

weixing zhongji zhongduan
卫星中继终端　sate relay data terminal

weishizhong
位时钟　bit clock

weizhouqi
位周期　bit period

wendu bianhua
温度变化　temperature variation

wendu celiang
温度测量　temperature measurement

wendu xianzhi
温度限制　temperature limiting

wendu xiangying
温度响应　temperature response

wenshiguan
文氏管　venturi

wenya dianyuan
稳压电源　regulated power supply

wenti chenshu
问题陈述　problem statement

wenti jiejue fang'an
问题解决方案　problem solution

wenti miaoshu
问题描述　problem characterization

wenti yanzheng
问题验证　problem verification

wohuan zhuangtai
涡环状态　vortex ring state

wojiang fadongji
涡桨发动机　turboprop engine

wojiang fadongji yuanli
涡桨发动机原理

principle of turboprop engine

wojinyi
涡襟翼　vortex flap

woliu
涡流 vortical flow

woliu chanshengqi
涡流产生器 vortex generator

woliu jiance
涡流检测 vortex detection

woliu kongzhiqi
涡流控制器 vortex control device

woliu yuanjian
涡流元件 vortex element

wolun
涡轮 turbine

wolunbeng
涡轮泵 turbo pump

wolun chongya fadongji
涡轮冲压发动机
turbo-ramjet engine (TRE)

wolun–dianli tuijin
涡轮–电力推进
turbo-electric propulsion

wolun fadongji
涡轮发动机 turbine engine

wolun fadongji ranshaoshi chenli
涡轮发动机燃烧室衬里
turbine engine combustor liner

wolun fengshan
涡轮风扇 turbo fan

wolun fengshan fadongji
涡轮风扇发动机 turbo fan engine

wolun fengshan zhileng
涡轮风扇制冷 turbo fan refrigeration

wolun jigou
涡轮机构 turbo mechanism

wolunji qidong tanxing
涡轮机气动弹性
turbo machinery aeroelasticity

wolun jixia lengque
涡轮机匣冷却 turbine case cooling

wolunji zuhe xunhuan
涡轮基组合循环
turbine-based combined-cycle (TBCC)

wolunji zuhe xunhuan fadongji
涡轮基组合循环发动机
turbine-based combined-cycle (TBCC)
engine

wolun jinkou wendu
涡轮进口温度
turbine entry temperature (TET)

wolun lengque
涡轮冷却 turbine cooling

wolun lengqueqi
涡轮冷却器 turbine cooler

wolun luoxuanjiang fadongji
涡轮螺旋桨发动机 turbo prop engine

wolun luoxuanjiang feiji
涡轮螺旋桨飞机　turbo prop aircraft

wolun penqi dongli yunshu
涡轮喷气动力运输
turbo jet powered transport

wolun penqi fadongji nengliang xunhuan
涡轮喷气发动机能量循环
energy cycle of turbojet engine

wolun penqi fadongji tuijin
涡轮喷气发动机推进
turbo jet propulsion

wolun yepian
涡轮叶片　turbine blade

wolun yuanjian
涡轮元件　turbine element

woposui
涡破碎　vortex breakdown

woshan fadongji
涡扇发动机　turbofan engine

woshengli
涡升力　vortex lift

wudongli feixing hangxiangjiao
无动力飞行航向角
unpowered flight guide angle

wudongli feixing xiachenlü
无动力飞行下沉率
unpowered flight sink rate

wudongli feixing xiahuajiao
无动力飞行下滑角
unpowered flight glide angle

wudongli huapao
无动力滑跑　no-power taxiing

wudongli qidongli
无动力气动力
unpowered aerodynamic force

wufangxiang xinbiao
无方向信标
nondirectional beacon (NDB)

wuji Ka'erman lübo
无迹卡尔曼滤波
unscented Kalman filter (UKF)

wuranyou zhongliang
无燃油重量　zero fuel weight

wuren feiji xitong
无人飞机系统
unmanned aircraft system (UAS)

wurenji
无人机　unmanned aerial vehicle (UAV)

wurenji daima
无人机代码　UAV code

wurenji daohang
无人机导航　UAV navigation

wurenji shiyanchang
无人机试验场
unmanned aircraft test airfield

wurenji xitong
无人机系统
unmanned aerial vehicle system

wurenji xietong kongzhi
无人机协同控制
UAV cooperative control

wuren jiashi zhandouji
无人驾驶战斗机
unmanned combat air vehicle (UCAV)

wuren kongzhong biandui
无人空中编队
unmanned aerial formation

wuren kongzhong biandui feixing
无人空中编队飞行
unmanned aerial formation flight

wuren pingtai
无人平台　unmanned platform

wuren pingtai feixing zhuangtai
无人平台飞行状态
unmanned platform flight regime

wuren zhenchaji
无人侦察机　reconnaissance UAVs

wuren zhishengji
无人直升机　unmanned helicopter

wushua dianji
无刷电机　brushless motor

wushua dianji kongzhi chuliqi
无刷电机控制处理器
brushless motor control processor

wushua zhiliu diandongji
无刷直流电动机
brushless direct current (DC) motor

wusun jiance
无损检测
nondestructive inspection (NDI)

wusun pinggu
无损评估　nondestructive evaluation

wusun yasuo
无损压缩　lossless compression

wuxiandian
无线电　radio

wuxian dianbo
无线电波　radio wave

wuxian dianbo chuanbo
无线电波传播　radio wave propagation

wuxiandian cejiao
无线电测角　radio angle measurement

wuxiandian ceju
无线电测距
radio distance measurement

wuxiandian celiang
无线电测量　radio measurement

wuxiandian celiang shuju
无线电测量数据　radio metric data

wuxiandian cexiang yi
无线电测向仪　radio direction finder

wuxiandian chuanshu
无线电传输　radio transmission

wuxiandian daohang
无线电导航　radio navigation

wuxiandian dingwei
无线电定位　radio positioning

wuxiandian ganrao
无线电干扰　radio interference

wuxiandian gaodu
无线电高度　radio altitude (RA)

wuxiandian gaodubiao
无线电高度表　radio altimeter

wuxiandian gaodu celiang
无线电高度测量
radio height measurement

wuxiandian kongzhi
无线电控制　radio control

wuxiandian pinlü
无线电频率　radio frequency

wuxiandian pinpu
无线电频谱　radio frequency spectrum

wuxiandian shiju
无线电视距　radio line of sight

wuxiandian shujulian
无线电数据链　radio data link

wuxiandian tongxin zhongduan
无线电通信中断
radio communication interruption

wuxiandian xinbiao
无线电信标　radio beacon

wuxiandian xinhao
无线电信号　radio signal

wuxiandian xinhao ganshe
无线电信号干涉
radio signal interference

wuxiandian xinhao jieshouqi
无线电信号接收器
radio signal receiver

wuxian nengshu
无线能束　wireless power beaming

wuxian shebei
无线设备　wireless device

wuxian tongxin
无线通信　wireless communications

wuxiang xinbiao
无向信标　non-direction beacon

wukong tanzhen
五孔探针　five-hole probe

wuli fangzhen
物理仿真　physical simulation

wuli gaixing gongyi
物理改性工艺
physical modification process

wuliu peisong shebei
物流配送设备
logistics delivery equipment

wupin toufang

物品投放　package drop

wucha fenxi

误差分析　error analysis

wucha guji

误差估计　error estimation

wuma bidui

误码比对　bit error comparison

wumalü

误码率　bit error rate

xishou guangpuxue
吸收光谱学　absorption spectroscopy

xishoulü
吸收率　absorptivity

xichu dianshi
析出电势　evolution potential

xitong fuzaxing
系统复杂性　system complexity

xitong gongcheng
系统工程　system engineering

xitong gongneng
系统功能　system function

xitong guzhang baohu
系统故障保护　system fault protection

xitong guanli jizhi
系统管理机制
system management mechanism

xitong jicheng
系统集成　system integration

xitong jicheng fangzhen
系统集成仿真
system integration simulation

xitong jiagou
系统架构　system architecting

xitong jiance
系统监测　system monitor

xitong jiaolian
系统交联　system interaction

xitong liyonglü
系统利用率　system utilization

xitong peizhi
系统配置　system configuration

xitong tezheng
系统特征　system characteristics

xitong weixian fenxi
系统危险分析
system hazard analysis (SHA)

xitong xiaolü
系统效率　system efficiency

xitong xingneng
系统性能　system performance

xitong xuqiu
系统需求　system requirement

xitong zengyi
系统增益　system gain

xichangti
细长体　slender body

xichangxing shengliti sheji
细长形升力体设计
slender lifting body design

xichangyi
细长翼　slender wing

xifeng liewen
细缝裂纹　hairline crack

xiabianpin
下变频　down conversion

xiabianpinqi
下变频器　down converter

xiachen jiyi
下沉机翼　sinking wing

xiachen sudu
下沉速度　sinking speed

xiahuajiao
下滑角　glide angle

xiahua xingneng
下滑性能　glide performance

xiajiang
下降　descent

xiajiang dingdian
下降顶点　top of descent (TOP)

xiajiang jinchang
下降进场　descent approach

xiajiang juli
下降距离　descent distance

xiajianglü
下降率　descent rate

xiajiang shijian
下降时间　descent time

xiashi shijue xitong
下视视觉系统　downward vision system

xiaweisuo
下位锁　down lock

xiaxi
下洗　down wash

xiaxi zengliang
下洗增量　down wash increment

xiaxian
下陷　subsidence

xiaxing lianlu
下行链路　downlink

xiaxing shujulian
下行数据链　downlink data link

xiayali
下压力　down force

xianwei fangzhi fuhe cailiao
纤维纺织复合材料
fibrous textile composite

xianwei jinshu cengban
纤维金属层板　fiber metal laminate

xianwei zengqiang fuhe cailiao
纤维增强复合材料
fiber-reinforced composite

xianwei zengqiang juhewu
纤维增强聚合物
fiber-reinforced polymer

xianwei zengqiang juhewu fuhe cailiao
纤维增强聚合物复合材料
fiber-reinforced polymer composite

xian
弦　chord

xianchang kegenghuan danyuan
现场可更换单元
line replaceable unit (LRU)

xiandai hangkong dianzi xitong
现代航空电子系统
modern avionics system

xianfuqi
限幅器　limiter

xiangao
限高　limited height

xianzhi
限制　limitations

xianzhi zaihe
限制载荷　limit load

xiantanxing duanlie lixue
线弹性断裂力学
linear elastic fracture mechanics

xiantanxing fenxi
线弹性分析　linear elastic analysis

xianxing bianhuan
线性变换　linear transformation

xianxing ercixing tiaojieqi
线性二次型调节器
linear quadratic regulator (LQR)

xianxing fangdaqi
线性放大器　linear amplifier

xianxing ququ
线性屈曲　linear buckling

xianxing wenyaqi
线性稳压器　linear regulator

xianggan jietiao
相干解调　coherent demodulation

xiangguanfeng
相关峰　correlation peak

xiangguanqi
相关器　correlator

xiangji wendingqi
相机稳定器　camera stabilizer

xiangkongzhen boshu saomiao tianxian
相控阵波束扫描天线
phased array beam scanning antenna

xiangkongzhen xitong
相控阵系统　phased array system

xiangwei
相位　phase

xiangwei bianma maichong
相位编码脉冲　phase-coded pulse

xiangwei fenli
相位分离　phase separation

xiangwei gongzhen
相位共振　phase resonance

xiangwei kongzhi
相位控制　phase control

xiangwei kuidian
相位馈电　phase feeding

xiangwei tongbu
相位同步　phase synchronization

xiangwei xinhao
相位信号　phase modulation signal

xiangwei yanchi
相位延迟　phase delay

xiangwei zhihou
相位滞后　phase lag

xiangyi jiankong
相移键控　phase shift keying

xiangxi feixing jihua
详细飞行计划　detailed flight plan

xiangmu anquan weiyuanhui
项目安全委员会
project safety committee (PSC)

xiangmu chixu shijian
项目持续时间　project duration

xiangmu guanli
项目管理　project management

xiangmu jindu guihua
项目进度规划　project scheduling

xiangmu xiangxi renzheng
项目详细认证
project specific certification

xiangmu yanzhi baozheng dengji
项目研制保证等级
item development assurance level (IDAL)

xiangxian
象限　quadrant

xiangjiao
橡胶　rubber

xiangjiao tanshe xitong
橡胶弹射系统　rubber launching system

xiaoyinchen
消音衬　sound suppression liner

xiaogongjiao
小攻角　small angle of attack

xiaoxing jisuanji xitong jiekou
小型计算机系统接口
small computer system interface (SCSI)

xiaoxing wurenji
小型无人机　small UAVs

xiaozu zizhu feixing
小组自主飞行
autonomous group flight

xietong huanjing
协同环境　synergistic environment

xietong kongzhi
协同控制　cooperative control

xiedu
斜度　slope

xiebo xianzhiqi
谐波限制器　harmonic limiter

xielou
泄漏　leakage

xin-yin xudianchi
锌–银蓄电池　silver-zinc battery

xinbiao
信标　beacon

xinbiaodeng
信标灯　beacon light

xindao bianma
信道编码　channel coding

xindao fuyong
信道复用　channel multiplexing

xindao jiami
信道加密　channel encryption

xindao jiema
信道解码　channel decoding

xindao jiema xinpian
信道解码芯片　channel decoding chip

xindao pipei
信道匹配　channel matching

xindao rongliang
信道容量　channel capacity

xinhao
信号　signal

xinhao chuli
信号处理　signal processing

xinhao ganrao
信号干扰　signal jamming

xinhao jibian
信号畸变　signal distortion

xinhao jiema
信号解码　signal decoding

xinhaopai
信号牌　annunciator

xinhao tezheng fenxi
信号特征分析　signal feature analysis

xinhao tiaozhi
信号调制　signal modulation

xinhao yanchi
信号延迟　signal delay

xinhao zaosheng
信号噪声　signal noise

xinxi goutong
信息沟通　information communication

xinzaobi
信噪比　signal-to-noise ratio

xingtai
形态　form

xingzhuang jiyi hejin
形状记忆合金
shape memory alloy (SMA)

xingzhuang jiyi xiaoying
形状记忆效应
shape memory effect (SME)

xinghao hege shending
型号合格审定　type certification

xinghao hege shending jichu
型号合格审定基础
type certification basis

xinghao hegezheng
型号合格证　type certificate

xingneng
性能　performance

xingneng canshu
性能参数　performance parameter

xingneng celiang
性能测量　performance measurement

xingneng fenxi
性能分析　performance analysis

xingneng gusuan
性能估算　performance evaluation

xingneng guifan
性能规范
performance specification

xingneng shuju jisuanji xitong
性能数据计算机系统
performance data computer system

xingneng yanzheng
性能验证　performance verification

xingneng youhua
性能优化　performance optimization

xingneng zhibiao
性能指标　performance measure

xiuzheng haipingmian qiya
修正海平面气压
corrected sea level pressure (QNH)

xuyong tuili
需用推力　required thrust

xuke pinduan
许可频段　licensed frequency band

xuhang shijian
续航时间　endurance

xudianchi xiaochu dianlu
蓄电池消除电路
battery elimination circuit (BEC)

xuanting
悬停　hovering

xuanting baochi
悬停保持　hovering hold

xuanting feixing
悬停飞行　hovering flight

xuanting huizhuan
悬停回转　hovering turn

xuanting kongzhi
悬停控制　hovering control

xuanting shengxian
悬停升限　hovering ceiling

xuanyi
旋翼　rotary wing

xuanyi chanzhen
旋翼颤振　rotary wing flutter

xuanyi chaozhuan
旋翼超转　rotary wing overrun

xuanyi dimian xiaoying
旋翼地面效应
rotary wing ground effect

xuanyi feixingqi
旋翼飞行器　rotary wing vehicle

xuanyi gouzao pingmian
旋翼构造平面　rotary wing shaft plane

xuanyi jiliu
旋翼系留　rotary wing tiedown

xuanyi jiangjian pingmian
旋翼桨尖平面
rotary wing tip path plane

xuanyi jiangjian sudu
旋翼桨尖速度　rotary wing tip speed

xuanyi shache
旋翼刹车　rotary wing brake

xuanyi wurenji
旋翼无人机　rotary wing UAVs

xuanyi xitong
旋翼系统　rotary wing system

xuanyi zaosheng
旋翼噪声　rotary wing noise

xuanzhuan bianyaqi
旋转变压器　rotary transformer

xuanzhuan kebian chadong chuanganqi
旋转可变差动传感器
rotary variable differential transducer

xuanzhuan zhiliang tuoluoyi
旋转质量陀螺仪　spinning mass gyro

xunhang
巡航　cruise

xunhang gaodu
巡航高度　cruise altitude

xunhang sudu
巡航速度　cruising speed

xunhang tiaojian
巡航条件　cruise condition

xunhang xingneng
巡航性能　cruise performance

yakong zhendangqi
压控振荡器
voltage controlled oscillator

yaliji
压力计　pressure gauge

yali kongzhi
压力控制　pressure control

yali rongqi
压力容器　pressure vessel

yali tiaojie
压力调节　pressure regulation

yaqiji
压气机　compressor

yaqiji chuanzhen
压气机喘振　compressor surge

yaqiji gutong
压气机鼓筒　compressor drum

yaqiji jingzi fengyanpian
压气机静子封严片
compressor stator sealing plate

yaqiji shisu
压气机失速　compressor stall

yasuoji qudong xitong
压缩机驱动系统
compressor drive system

yasuoji xitong xingneng
压缩机系统性能
compressor system performance

yasuo kongqi
压缩空气　compressed air

yasuo kongqi gongji
压缩空气供给　compressed air supply

yasuo xishu
压缩系数　compressibility

yasuoxing xiaoying
压缩性效应　compressibility effect

yaxin
压心　centre of pressure

yazushi yali chuanganqi
压阻式压力传感器
piezoresistive gauge pressure transducer

yashengsu
亚声速　subsonic speed

yayi
鸭翼　canard

yayi buju
鸭翼布局　canard configuration

yanhuo dianhuoqi
烟火点火器　pyrotechnic igniter

yanzhi chengxu
研制程序　development procedure

yanshe jixian guangban zhijing
衍射极限光斑直径
diffraction-limited spot diameter

yanhua wenti
演化问题　evolution issue

yanshou ceshi
验收测试　acceptance testing

yanzheng (queren)
验证（确认）　validation

yanzheng
验证　verification

yanzheng shiyan fangfa
验证实验方法
validation experimental method

yanghuawu fuhe cailiao
氧化物复合材料
oxide composite material

yanghuawu tuceng
氧化物涂层　oxide coating

yangji feixing shiyan
样机飞行试验　prototype flight test

yangji shiyan
样机试验　prototype testing

yangjian sheji
样件设计　specimen design

yaoce
遥测　telemetry

yaoce fasheji
遥测发射机　telemetry transmitter

yaoce fashe tianxian
遥测发射天线
telemetry transmitting antenna

yaoce jiekou
遥测接口　telemetry interface

yaoce jieshouji
遥测接收机　telemetry receiver

yaoce jieshou tianxian
遥测接收天线
telemetry receiving antenna

yaoce shebei
遥测设备　telemetry equipment

yaoce tongbu xinhao
遥测同步信号
telemetry synchronization signal

yaoce tuxiang fuhe shuju
遥测图像复合数据
telemetry image composite data

yaogan
遥感　remote sensing

yaokong
遥控　remote control

yaokong caozuo
遥控操作　telemanipulation

yaokong duanluqi
遥控断路器
remote control circuit breaker

yaokong fasheji
遥控发射机　remote control transmitter

yaokong fashe tianxian
遥控发射天线
remote control transmitting antenna

yaokong jieshouji
遥控接收机　remote control receiver

yaokong jieshou tianxian
遥控接收天线
remote control receiving antenna

yaokong tongbu xinhao
遥控同步信号
remote control synchronization signal

yaokong zhiling
遥控指令　remote control command

yaotiaoliang
遥调量　remote adjustment quantity

yehuan
叶环　blade ring

yejian jianxi fengyan
叶尖间隙封严　tip clearance sealing

yejian jianxiliu
叶尖间隙流　tip clearance flow

yejian xielouliu
叶尖泄漏流　tip leakage flow

yejian xiuzheng
叶尖修正　tip correction

yelun
叶轮　impeller

yepian
叶片　blade

yepian houlüe
叶片后掠　blade sweep

yepian houdu
叶片厚度　blade thickness

yepian jili
叶片激励　blade excitation

yepian jiegou shitiao
叶片结构失调
blade structural mistuning

yepian liudong
叶片流动　blade flow

yepian qiangpo
叶片强迫　blade forcing

yepian sheji
叶片设计　blade design

yepian shuliang
叶片数量　blade number

yepian tongguo pinlü
叶片通过频率　blade passing frequency

yepian xingzhuang
叶片形状　blade shape

yeshan yepian
叶栅叶片　cascade vane

yeixing sunshi
叶型损失　profile loss

yehuanshi yaqiji
液环式压气机　liquid ring compressor

yetai kongqi xunhuan fadongji
液态空气循环发动机
liquid air cycle engine (LACE)

yeti caiji shebei
液体采集设备
liquid acquisition equipment

yeti huojian fadongji
液体火箭发动机　liquid rocket engine

yeti huojian tuijin
液体火箭推进　liquid rocket propulsion

yeti pensa shebei
液体喷洒设备　liquid spray equipment

yeti ranliao tuijinji
液体燃料推进剂　liquid fuel propellant

yeti shaoshi tuiliqi
液体烧蚀推力器
liquid ablative thruster

yeti tuijin
液体推进　liquid propulsion

yeti tuijinji
液体推进剂　liquid propellant

yeti wuhua
液体雾化　liquid atomization

yeti yanghuaji
液体氧化剂　liquid oxidizer

yeya baoxianqi
液压保险器　hydraulic fuse

yeyabeng lianjiechu
液压泵连接处
hydraulic pump connection

yeya diaocang jiayou xitong
液压吊舱加油系统
hydraulic pod refueling system

yeya diaocang xitong
液压吊舱系统　hydraulic pod system

yeya dongli
液压动力　hydraulic power

yeya guanlu
液压管路　hydraulic piping

yeya huilu sheji
液压回路设计　hydraulic circuit design

yeya jixie kongzhi
液压机械控制
hydro mechanical control

yeya liuti
液压流体　hydraulic fluid

yeya ruanguan juanpan
液压软管卷盘　hydraulic hose reel

yeya xitong
液压系统　hydraulic system

yeya you
液压油　hydraulic oil

yeya youlü
液压油滤　hydraulic filter

yeya youxiang
液压油箱　hydraulic reservoir

yeya zaihe
液压载荷　hydraulic load

yiban yongdian shebei
一般用电设备
general utilization equipment

yici dianyuan xitong
一次电源系统
primary electric power source system

yijian fanhang
一键返航　one-click return

yi zhan duo ji kongzhi
一站多机控制
multi-aircraft control in one station

yibiao feixing guize
仪表飞行规则
instrument flight rules (IFR)

yibiao feixing qixiang tiaojian
仪表飞行气象条件
instrument meteorological conditions (IMC)

yibiao zhuolu xitong
仪表着陆系统
instrument landing system

yiqi
仪器　instrumentation

yidong zhengliuzhao
移动整流罩　translating cowling

yixiangqi
移相器　phase shifter

yibu chuanxing shuju
异步串行数据　asynchronous serial data

yibu dianji
异步电机　asynchronous motor

yima
译码　decoding

yimaqi
译码器　decoder

yijian sunshang
易检损伤
readily detectable damage (RDD)

yifeng xiqi
翼缝吸气　slot suction

yifeng zhendang dongliang xishu
翼缝振荡动量系数
slot oscillatory momentum coefficient

yigen
翼根　wing root

yigenxian
翼根弦　root chord

yijian qianyuan
翼尖前缘　leading edge of wing tip

yijian shuzhi weiyi
翼尖竖直位移
vertical displacement of wing tip

yijian sudu
翼尖速度　wing tip speed

yijianwo
翼尖涡　wing tip vortex

yilei
翼肋　rib

yilei sheji
翼肋设计　rib design

yiliang
翼梁　wing beam

yimian
翼面　wing surface

yipoumian
翼剖面　airfoil section

yipoumian qidong sifu tanxing
翼剖面气动伺服弹性
airfoil section aero-servo elasticity

yishang anzhuang
翼上安装　over wing installation

yisheji
翼设计　wing design

yishen rongheti
翼身融合体　blended wing body

yiti
翼体　wing body

yixia anzhaung
翼下安装　under wing installation

yixia qiluojia
翼下起落架　under wing gear

yixian Leinuoshu
翼弦雷诺数　chord Reynolds number

yixian pingmian
翼弦平面　wing chord plane

yixingtai
翼形态　wing morphology

yixing
翼型　airfoil

yixing jihe canshu
翼型几何参数
airfoil geometric parameters

yixing raoliu
翼型绕流　airfoil flow

yixing sheji
翼型设计　airfoil design

yixing xuanze
翼型选择　airfoil selection

yixing youhua
翼型优化　airfoil optimization

yizai
翼载　wing load

yizhan
翼展　wing span

yizhan fangxiang de juli
翼展方向的距离
wing-span-wise distance

yizhan xiaolü yinzi
翼展效率因子
wing span efficiency factor

yinpin xinhao
音频信号　audio signal

yindao
引导　boot vector

yinli fuzhu feixing
引力辅助飞行　gravity assisted flyby

yinqi
引气　bleed air

yinqi huomen
引气活门　bleed valve

yinshebeng
引射泵　ejector pump

yinshe penguan
引射喷管　ejector nozzle

yinsheqi
引射器　ejector

yinshen
隐身　stealth

yingjiao
迎角　angle of attack

yingjiao bianhualü
迎角变化率　angle-of-attack change rate

yingxiang pinggu
影响评估　impact evaluation

yingxiang xishu
影响系数　impact factor

yingbian
应变　strain

yingbian celiang
应变测量　strain measurement

yingbianlü minganxing
应变率敏感性　strain-rate sensitivity

yingbianlü xiangguanxing
应变率相关性　strain-rate dependence

yingbianneng
应变能　strain energy

yingbian qudongqi
应变驱动器　strain actuator

yingbian shouming
应变寿命　strain life

yingbian shuiping
应变水平　strain level

yingbian xiangying
应变响应　strain response

yingbian xietiao guanxi
应变协调关系
strain compatibility relation

yingbianyi celiang
应变仪测量　strain gauge measurement

yingbian zhangliang
应变张量　strain tensor

yingdaji
应答机　transponder

yingji biaoxian
应急表现　emergent behavior

yingji dianyuan
应急电源　emergency power supply

yingji dongli xitong
应急动力系统
emergency power system

yingji dongli zhuangzhi
应急动力装置
emergency power unit (EPU)

yingji fadian
应急发电　emergency power generation

yingji fangyou xitong
应急放油系统
emergency fuel defueling system

yingji guihua
应急规划　emergency planning

yingji jihua jishu
应急计划技术
emergency planning technology

yingji kaisan
应急开伞　emergency parachute opening

yingji xitong
应急系统　emergency system

yingji xiajiang
应急下降　emergency descent

yingji zhaoming
应急照明　emergency lighting

yingji zhongzhi
应急终止　emergency termination

yingji zhuolu
应急着陆　emergency landing

yingli
应力　stress

yingli duanlie shouming
应力断裂寿命　stress rupture life

yingli fenxi
应力分析　stress analysis

yingli jizhong
应力集中　stress concentration

yingli mengpi
应力蒙皮　stressed skin

yingli qiangdu yinzi
应力强度因子　stress strength factor

yingli yuntu
应力云图　stress cloud

yingli zhangliang
应力张量　stress tensor

yingjian jicheng
硬件集成　hardware integration

yingjian jiancha he gongneng ceshi
硬件检查和功能测试
hardware inspection and functioning test

yingjian renzheng
硬件认证　hardware certification

yingjian xuqiu
硬件需求　hardware requirement

yingkeshi
硬壳式　monocoque

yongci fadianji
永磁发电机
permanent magnet generator

yongci wushua dianji
永磁无刷电机
permanent magnet brushless motor

youzhi hejin
优质合金　high-quality alloy

youbeng zujian
油泵组件　oil pump assembly

youliang chuanganqi
油量传感器　fuel sensor

youmen
油门　throttle

youmen baochi
油门保持　throttle hold

youmen tongdao
油门通道　throttle channel

youmo ganshe
油膜干涉　oil film interferometry

youqi hunhe
油气混合　oil-air mixing

youqi pingtai
油气平台　oil and gas platform

youyashi–chongya jiayou xitong
油压式–冲压加油系统
oil pressure-stamping refueling system

youye
油液　oil fluid

youye liuliang
油液流量　oil fluid flowrate

youye tiaojie
油液调节　oil fluid conditioning

youye wendu
油液温度　oil fluid temperature

youye yali
油液压力　oil fluid pressure

youye yeya dongli
油液液压动力　oil fluid hydraulic power

youji boli
有机玻璃　plexiglass

youji huahewu
有机化合物　organic compound

youji huahewu yanghua
有机化合物氧化
organic compound oxidation

youren-wuren biandui
有人-无人编队
manned-unmanned teaming

youshua dianji
有刷电机　brush motor

yousun yasuo
有损压缩　lossy compression

youxiao ganzhi zaosheng
有效感知噪声　effective perceived noise

youxiao ganzhi zaoshengji
有效感知噪声级
effective perceived noise level (EPNL)

youxiao kongjing
有效孔径　effective aperture

youxiaoxing pingjia
有效性评价　effectiveness evaluation

youxiao yingjiao
有效迎角　effective angle of attack

youyuan zhenlie
有源阵列　active array

you'er wurenji
诱饵无人机　decoy UAVs

yuji daoda shijian
预计到达时间
estimated time of arrival (ETA)

yujing fuwu
预警服务　early warning service

yujing leida
预警雷达　early warning radar

yulengqi
预冷器　precooler

yuanshuju
元数据　metadata

yuanshi shuju
原始数据　original data

yuanxingji
原型机　prototype

yuanjiao
圆角　fillet

yuanzhui jinqidao
圆锥进气道　conical inlet

yuantiao
缘条　edge strip

yuan daima
源代码　source code

yuangonglü kongzhi
源功率控制　source power control

yuan jiema
源解码　source decoding

yuancheng caokong
远程操控　remote operation

yuancheng chuanganqi
远程传感器　long range sensor

yuancheng chuanshu
远程传输　long distance transmission

yuancheng daohang
远程导航
long range navigation (LORAN)

yuancheng dimian chuanganqi
远程地面传感器
remote ground sensors

yuancheng shuju jizhongqi danyuan
远程数据集中器单元
remote data concentrator (RDC) unit

yuanzhidianbiao
远指点标　outer marker beacon

yuesheng
跃升　jump

yuesheng tiaojian
跃升条件　jump condition

yuezhang gaodu
越障高度　obstacle clearance height

yuntai kongzhi chuliqi
云台控制处理器
pan-tilt-zoom (PTZ) control processor

yuntai shexiangji
云台摄像机　PTZ camera

yunshuche
运输车　transport trailer

yunsuan fangdaqi
运算放大器　operational amplifier

yunxing guanzhi
运行管制　operation management

yunxing huanjing
运行环境　operating environment

yunxing huanjing ceshi
运行环境测试
operating environment test

yunxing lilun
运行理论　operational theory

yunxing moxing
运行模型　running model

yunxing wendu
运行温度　operating temperature

yunxing wendu fanwei
运行温度范围
temperature operating range

yunxing yuanli
运行原理　operating principle

Z

zabo
杂波　clutter

zabo texing
杂波特性　clutter characteristics

zabo yizhi
杂波抑制　clutter suppression

zaibo
载波　carrier

zaihe
载荷　load

zaihe baoxian
载荷包线　load envelope

zaihe celiang
载荷测量　load measurement

zaihe chuli
载荷处理　load handling

zaihe huanjing
载荷环境　load environment

zaihe jiancha
载荷检查　load inspection

zaihe kongzhi
载荷控制　load control

zaihe tiaojian
载荷条件　load condition

zaihe-weiyi zhuizong
载荷-位移追踪
load-displacement tracking

zaihe xishu
载荷系数　load factor

zaihe yaoqiu
载荷要求　load requirement

zaihe zhouqi
载荷周期　load cycle

zaipin
载频　carrier frequency

zaiping xianshi
在屏显示　on-screen display (OSD)

zaixian caozuo
在线操作　online operation

zaixian ceshi
在线测试　online test

zaosheng chansheng
噪声产生　noise generation

zaosheng chuli
噪声处理　noise treatment

zaosheng fenxi

噪声分析　noise analysis

zaosheng ganrao

噪声干扰　noise interference

zaosheng jiangdi

噪声降低　noise reduction

zaosheng jiechu

噪声接触　noise exposure

zaosheng kongzhi

噪声控制　noise control

zaosheng moxing

噪声模型　noise model

zaosheng pinlü

噪声频率　noise frequency

zaoshengpu midu

噪声谱密度　noise spectral density

zaosheng renzheng

噪声认证　noise certification

zaosheng yizhi

噪声抑制　noise suppression

zaoshengyuan

噪声源　noise source

zaosheng zhendong

噪声振动　noise vibration

zengbu shuju

增补数据　supplemental data

zengliang bianmaqi

增量编码器　incremental encoder

zengqiang cailiao

增强材料　reinforcement

zengqiang cengheban fuhe cailiao

增强层合板复合材料

reinforced laminate composite

zengqiang fuhe cailiao cengheban

增强复合材料层合板

reinforced composite laminate

zengqiang gaofenzi fuhe cailiao

增强高分子复合材料

reinforced polymer composite

zengqiang juhewu

增强聚合物　reinforced polymer

zengqiang juhewuji fuhe cailiao

增强聚合物基复合材料

reinforced polymer matrix composite

zengqiang zhidao

增强制导　augmented navigation

zengqiang zhuangzhi

增强装置　enhancement device

zengsheng zhuangzhi

增升装置　high-lift device

zengsheng zhuangzhi xianchang

增升装置弦长

chord length of high-lift device

zengwen xitong
增稳系统　stability augmentation system

zengyabeng
增压泵　boost pump

zengyabi
增压比　pressure ratio

zengya kongqi
增压空气　pressurized air

zengya kongzhi
增压控制　boost control

zhaidai xinhao
窄带信号　narrow-band signal

zhaidai zaoshengpu midu
窄带噪声谱密度
narrow-band noise spectral density

zhanchang jianshi leida
战场监视雷达
battlefield surveillance radar

zhandoubu
战斗部　warhead

zhandou jidong
战斗机动　combat maneuver

zhanshu daodan
战术导弹　tactical missile

zhanshu feiji tuijin
战术飞机推进
tactical aircraft propulsion

zhanshu jishu zhibiao
战术技术指标
tactical and technical index

zhanshu wurenji
战术无人机　tactical UAVs

zhan
站　station

zhang'ai tance
障碍探测　obstacle detection

zhencha
侦察　reconnaissance

zhencha leida
侦察雷达　reconnaissance radar

zhenlü
帧率　frame rate

zhentongbu
帧同步　frame synchronization

zhentongbuma ceju
帧同步码测距
frame synchronization code distance
measurement

zhentongbuma tiqu
帧同步码提取
frame synchronization code extraction

zhenzhouqi
帧周期　frame period

zhenshi gaodu
真实高度　true altitude

zhenshi kongjing leida
真实孔径雷达　real aperture radar

zhenfeng fenxi
阵风分析　gust analysis

zhenfeng moxing
阵风模型　gust model

zhenfeng xiangying
阵风响应　gust response

zhenfeng zaihe jianhuan
阵风载荷减缓　gust load alleviation

zhenlie tianxian
阵列天线　array antenna

zhendang
振荡　oscillate

zhendangqi
振荡器　oscillator

zhendong zaihe
振动载荷　vibration load

zhenfu bijiao genzong
振幅比较跟踪
amplitude comparison tracking

zhengqi guandao ranshaoqu
蒸汽管道燃烧区
steam-tube combustion zone

zhengqiji
蒸汽机　steam engine

zhengqishi reguan
蒸汽室热管　vapor chamber heat pipe

zhengqi sudu
蒸汽速度　vapor velocity

zhengqi xunhuan zhileng
蒸汽循环制冷　vapor cycle refrigeration

zhengqi yali
蒸汽压力　vapor pressure

zhengliuzhao
整流罩　cowling

zhengti youxiang
整体油箱　integral oil tank

zhengchang qifei zhongliang
正常起飞重量　normal take-off weight

zhengchang zhuolu zhongliang
正常着陆重量　normal landing weight

zhengjiao fudu tiaozhi
正交幅度调制
quadrature amplitude modulation (QAM)

zhengjiao xiangyi jiankong
正交相移键控
quadrature phase shift keying (QPSK)

zhicheng
支撑　support

zhicheng zhuangzhi
支撑装置　supporting device

zhijia
支架　rack

zhixian dingweidian
支线定位点　branch line fix

zhizhu
支柱　strut

zhixing ruanjian xitong
执行软件系统
executive software system

zhifei hangban
直飞航班　direct flight

zhijiyi
直机翼　straight wing

zhijiao yaobi
直角摇臂　right-angled rocker arm

zhijie xulie kuopin
直接序列扩频
direct sequence spread spectrum (DSSS)

zhiliu dianji
直流电机　DC motor

zhibiao fenjie
指标分解　index decomposition

zhidian feixing
指点飞行　tap fly

zhihui he kongzhi lianlu
指挥和控制链路
command and control link

zhiling bianma
指令编码　instruction code

zhiling fuyang
指令俯仰　commanded pitch

zhiling ji kongzhi jishu
指令及控制技术
command and control technology

zhiling jiami
指令加密　instruction encryption

zhiling kongzhi
指令控制　command control

zhiling xinhao
指令信号　command signal

zhiling yu yaoce
指令与遥测　command telemetry

zhiling zhidao chuanganqi
指令制导传感器
command guidance sensor

zhishi kongsu
指示空速　indicated airspeed (IAS)

zhidao, daohang he kongzhi xitong jicheng
制导、导航和控制系统集成
guidance, navigation and control system integration

zhidao, daohang yu kongzhi
制导、导航与控制
guidance, navigation, control (GNC)

zhidao, daohang yu kongzhi xitong
制导、导航与控制系统
guidance, navigation and control system

zhidao chuanganqi
制导传感器　guidance sensor

zhidao daodan daoyintou
制导导弹导引头　guided missile seeker

zhidao huilu
制导回路　guidance loop

zhidao wuqi
制导武器　guided weapon

zhidao wuqi daohang
制导武器导航
guided weapon navigation

zhidao wuqi feixing kongzhi
制导武器飞行控制
guided weapon flight control

zhidao wuqi wendingxing
制导武器稳定性
guided weapon stability

zhidao xitong
制导系统　guidance system

zhidao yu kongzhi
制导与控制　guidance and control

zhidao zhadan
制导炸弹　guided bomb

zhizao gongyi
制造工艺　manufacturing process

zhizao guihua tiaozhan
制造规划挑战
manufacturing planning challenge

zhizao guocheng
制造过程　manufacturing process

zhizao he zhuangpei
制造和装配　manufacture and assembly

zhizao he zhuangpei sheji
制造和装配设计
design for manufacturing and assembly
(DFMA)

zhizao jishu
制造技术　manufacturing technology

zhizao kongji zhongliang
制造空机重量
manufacturing empty machine weight

zhizao sheji
制造设计
design for manufacture (DFM)

zhizao sheji tiaozhan
制造设计挑战
manufacturing design challenge

zhizao zhuyi shixiang
制造注意事项
manufacturing consideration

zhiliang baozheng
质量保证　quality assurance

zhiliang kongzhi
质量控制　quality control

zhiliang pingding
质量评定　quality assessment

zhiliang sunshi
质量损失　mass loss

zhiliang yaoqiu
质量要求　mass requirement

zhiliang yizhixing
质量一致性　quality consistency

zhidongqi
致动器　actuator

zhineng fangxiang kongzhi
智能方向控制
intelligent orientation control (IOC)

zhineng gensui
智能跟随　active track

zhineng hangji zhidao he guihua jishu
智能航迹制导和规划技术
intelligent track guidance and planning

zhineng jicheng huanjing
智能集成环境
intelligent synthesis environment (ISE)

zhineng shouchi zhongduan
智能手持终端　smart handheld terminal

zhongcheng wurenji
中程无人机　mid-range UAVs

zhongduan qifei
中断起飞　rejected take-off

zhongduan qifei juli
中断起飞距离
rejected take-off distance

zhongduan rongcuo wangluo
中断容错网络
disruption tolerance network (DTN)

zhongjizhan
中继站　relay station

zhongjian tuili
中间推力　intermediate thrust

zhongjinyi
中襟翼　mid flap

zhongkong changhangshi wurenji
中空长航时无人机
medium altitude long endurance (MALE)
UAVs

zhonglengqi
中冷器　intercooler

zhongli bianhuan tanceqi
中立变换探测器　neutral shift sensor

zhongpin chuli
中频处理
intermediate frequency processing

zhongpin daikuan
中频带宽
intermediate frequency bandwidth

zhongpin lüboqi
中频滤波器
intermediate frequency filter

zhongsu huapao
中速滑跑　middle-velocity taxiing

zhongwaiyi
中外翼　middle-outer wing

zhongxin peidian zhuangzhi

中心配电装置

central power distribution device

zhongxing wurenji

中型无人机　medium UAVs

zhongyang chuliqi

中央处理器　central processing unit

zhongyi

中翼　middle wing

zhongzhi

中止　abort

zhongzhi qidong

中止起动　abort start

zhongzhi qifei

中止起飞　abort take-off

zhongzhi qifei juli

中止起飞距离　abort take-off distance

zhongzhi zhuolu

中止着陆　abort landing

zhongzhidianbiao

中指点标　middle marker beacon

zhongzhi moshi

终止模式　termination mode

zhongzhi zhouqi

终止周期　termination period

zhongxing penguan tuiliqi

钟形喷管推力器　bell nozzle thruster

zhongli chuanganqi

重力传感器　gravitational sensor

zhongli jiasudu

重力加速度　gravitational acceleration

zhongliang

重量　weight

zhongliangbi

重量比　weight ratio

zhongliang fenpei

重量分配　weight distribution

zhongliang fenshu

重量分数　weight fraction

zhongliang kaolü

重量考虑　weight consideration

zhongliang xianzhi

重量限制　weight limit

zhongliang xingneng

重量性能　weight performance

zhongliang yinsu

重量因素　weight factor

zhongliang zhuangkuang

重量状况　weight condition

zhongliang zucheng

重量组成　weight composition

zhongxin

重心　center of gravity

zhongxin baoxiantu
重心包线图　center of gravity envelope

zhongyao shebei dianyuan
重要设备电源
important equipment power supply

zhoucheng
轴承　bearing

zhouduichen penguan
轴对称喷管　axisymmetric nozzle

zhoujiao bianmaqi
轴角编码器　rotary encoder

zhouju
轴距　axis distance

zhouliu yasuoji
轴流压缩机　axial flow compressor

zhudong ceshi
主动测试　active test

zhudong feixing kongzhi
主动飞行控制　active flight control

zhudong kongzhi
主动控制　active control

zhudongshi rechengxiang
主动式热成像　active thermography

zhudong zhendong kongzhi xitong
主动振动控制系统
active vibration control (AVC) system

zhudong zhidao
主动制导　active guidance

zhudong zitai kongzhi
主动姿态控制　active attitude control

zhufadongji kongzhiqi
主发动机控制器
main engine controller

zhufeixing caozongmian
主飞行操纵面
main flight control surface

zhujishen jiegou
主机身结构　main fuselage structure

zhujiegou yaosu
主结构要素　main structural element

zhukong danyuan
主控单元　master control unit

zhukong jiemian danyuan
主控界面单元
master control interface unit

zhulianlu
主链路　main link

zhuqiluojia
主起落架　main landing gear

zhuranqiliu penliu sudu
主燃气流喷流速度
jet speed of main combustion air flow

zhuxuanyi kongzhi
主旋翼控制　main rotor control

zhuxuanyi xitong
主旋翼系统　main rotor system

zhuyao shebei zhongxin
主要设备中心　main equipment center

zhuyao zhanshu zhibiao
主要战术指标　main technical index

zhuyouxiang
主油箱　main oil tank

zhutui huojian
助推火箭　booster rocket

zhutui huojian zhizuo
助推火箭支座　booster rocket support

zhubobi
驻波比　standing wave ratio

zhujian
铸件　cast

zhuzao he duanzao guocheng
铸造和锻造过程
cast and wrought processing

zhuandong gulun
转动鼓轮　bus drum

zhuanhuan jigou
转换机构　changeover mechanism

zhuanhuan jidianqi
转换继电器　switching relay

zhuanwan zuodongtong
转弯作动筒　steering actuator

zhuanxiang shoubing
转向手柄　steering tiller

zhuanzhou
转轴　rotation shaft

zhuanzi
转子　rotor

zhuanzi fadongji
转子发动机　rotary engine

zhuangzai xiaohao quxian
装载消耗曲线
loading consumption curve

zhuangtai fankui
状态反馈　state feedback

zhuangtai jiance weixiu
状态监测维修
condition monitoring (CM) maintenance

zhuangtai jianxiu
状态检修　condition-based maintenance

zhuangtai pinggu
状态评估　state evaluation

zhuangtai xitong
状态系统　status system

zhuangji baohu
撞击保护　impact protection

zhuangji dongliang
撞击动量　impact momentum

zhuangji guocheng
撞击过程　impact process

zhuangwang huishou
撞网回收　net recovery

zhuangwang sudu
撞网速度　speed of striking the net

zhuixing luoshuan
锥形螺栓　conical bolt

zhuixing penguan
锥形喷管　conical nozzle

zhuixing yepian
锥形叶片　conical blade

zhuolu
着陆　landing

zhuolu chuanganqi
着陆传感器　landing sensor

zhuolu dianmen
着陆电门　landing switch

zhuolu huapao
着陆滑跑　landing run

zhuolu huanjing
着陆环境　landing environment

zhuolu jizhun sudu
着陆基准速度　landing reference speed

zhuolu jiansu zhuangzhi
着陆减速装置
landing deceleration device

zhuolu jianzhen zhuangzhi
着陆减震装置　landing damping device

zhuolu jiedi
着陆接地　touchdown

zhuolu jinchang
着陆进场　landing approach

zhuolu juli
着陆距离　landing distance

zhuoluqi
着陆器　lander

zhuolu renwu yanjiu
着陆任务研究　landing mission survey

zhuolu sudu
着陆速度　landing speed

zhuolu xitong
着陆系统　landing system

zhuolu zhongliang
着陆重量　landing weight

zixun tonggao
咨询通告　advisory circular (AC)

zitai baochi
姿态保持　attitude hold

zitai baochi xitong
姿态保持系统　attitude retention system

zitai celiang
姿态测量　attitude measurement

zitai celiang chuanganqi
姿态测量传感器
attitude measurement sensor

zitai celiang yu kongzhi xitong
姿态测量与控制系统
attitude determination and control system

zitai fangxiang zhishiqi
姿态方向指示器
attitude direction indicator (ADI)

zitai moshi
姿态模式　attitude mode

zitai tuoluoyi
姿态陀螺仪　attitude gyro

zidong ceshi
自动测试　automatic test

zidong ceshi zhuangzhi
自动测试装置
automatic test equipment (ATE)

zidong chongdian
自动充电　automatic charging

zidong dingxiangyi
自动定向仪
automatic direction finder (ADF)

zidong fanhang
自动返航　automatic return

zidong feixing kongzhi xitong
自动飞行控制系统
automatic flight control system

zidong genzong
自动跟踪　automatic tracking

zidong guihua hangxian
自动规划航线　automatic route creation

zidonghua zhizao he zuzhuang
自动化制造和组装
automated manufacturing and assembly

zidong jiashi feixing zhiyin xitong
自动驾驶飞行指引系统
autopilot flight director system

zidong jiebing tance xitong
自动结冰探测系统
automatic ice detection system

zidong kongzhi
自动控制　automatic control

zidong kongzhi zhuangzhi
自动控制装置
automatic control device

zidong paishe
自动拍摄　automatic shooting

zidong peiping
自动配平　automatic trim

zidong youmen
自动油门　automatic throttle

zidong zhuolu
自动着陆　automatic landing

zidong zhuolu xitong
自动着陆系统
automatic landing system

zifeng jietou
自封接头　self-sealing joint

zijiankong
自监控　self-monitoring

zijian
自检　self-test

zikangrao kongzhi

自抗扰控制

active disturbance rejection control
(ADRC)

ziran

自燃　self-ignition

zishiying kongzhi

自适应控制　adaptive control

zishiying kongzhi sheji jishu

自适应控制设计技术

adaptive control design technique

zishiying zhidao xitong

自适应制导系统

adaptive guidance system

zixiangguan hanshu

自相关函数　autocorrelation function

zixiangguanxing

自相关性　autocorrelation

ziyou moshi

自由模式　free mode

zizhenduan guocheng

自诊断过程　self-diagnostic process

zizhu feixing

自主飞行　autonomous flight

zizhu jizai xitong de tiaozhan/jiyu

自主机载系统的挑战/机遇

autonomous airborne system challenge/
opportunity

zizhu kongzhi

自主控制　autonomous control

zizhu moduan zhidao

自主末端制导

autonomous terminal guidance

zizhu qijiang

自主起降

autonomous take-off and landing

zizhu xundi zhudong zhidao

自主寻的主动制导

autonomous homing active guidance

zizhu zhuojian yindao

自主着舰引导

autonomous carrier landing guidance

zizhuan xuanyi wurenji

自转旋翼无人机　autogyro UAVs

zijie tongbu

字节同步　byte synchronization

zijie tongbu zixiangguan juli celiang

字节同步自相关距离测量

byte synchronous autocorrelation distance
measurement

zijie zhouqi

字节周期　byte period

zonghe baozhang

综合保障

integrated logistics support (ILS)

zonghe daohang xitong

综合导航系统

integrated navigation system

zonghe qudong fadianji
综合驱动发电机
integrated drive generator

zonghe shuju guanli
综合数据管理
integrated data management

zonghe jiaoyan
总和校验　checksum

zongxingneng
总性能　overall performance

zongya
总压　total pressure

zongyaguan
总压管　total pressure tube

zongliang
纵梁　longitudinal beam

zongpouxian
纵剖线　buttock line

zongxiang motai texing
纵向模态特性
longitudinal modal characteristics

zongzhou
纵轴　longitudinal axis

zuhuoqi
阻火器　flame arrestor

zuli
阻力　resistance/drag

zuli chenggan
阻力撑杆　resistance strut

zuli jiangluosan
阻力降落伞　resistance parachute

zuliumen
阻流门　blocker door

zuhe fadongji
组合发动机　combined engine

zuhe renwu zaihe
组合任务载荷
combined mission payload

zuida dingsheng zhongliang
最大顶升重量
maximum jacking weight

zuida hangcheng xunhang sudu
最大航程巡航速度
maximum range cruise speed

zuida hangshi
最大航时　maximum endurance

zuida junxie zhongliang
最大军械重量
maximum ordnance weight

zuida lianxu tuili
最大连续推力
maximum continuous thrust

zuida pashenglü
最大爬升率　maximum climb rate

zuida pasheng tuili
最大爬升推力　maximum climb thrust

zuida pingfei sudu
最大平飞速度
maximum level flight speed

zuida qidiao zhongliang
最大起吊重量　maximum lifting weight

zuida qifei tuili
最大起飞推力　maximum take-off thrust

zuida qifei zhongliang
最大起飞重量
maximum take-off weight

zuida qianyin zhongliang
最大牵引重量
maximum traction weight

zuida sheji huaxing zhongliang
最大设计滑行重量
maximum design sliding weight

zuida sheji lingyou zhongliang
最大设计零油重量
maximum design zero oil weight

zuida sheji qifei zhongliang
最大设计起飞重量
maximum design take-off weight

zuida sheji sudu
最大设计速度　maximum design speed

zuida sheji sunshang
最大设计损伤
maximum design damage (MDD)

zuida shiyong gaodu
最大使用高度　ceiling altitude

zuida shuru gonglü
最大输入功率　maximum input power

zuida tingji zhongliang
最大停机重量
maximum shutdown weight

zuida tuili
最大推力　maximum thrust

zuida waigua zhongliang
最大外挂重量
maximum external hanging weight

zuida wumohu juli
最大无模糊距离
maximum unambiguous distance

zuida yunxu qifei zhongliang
最大允许起飞重量
maximum allowable take-off weight

zuida yunxing sudu
最大运行速度
maximum operating speed

zuida zhuolu zhongliang
最大着陆重量
maximum landing weight

zuidi caozong sudu
最低操纵速度　minimum control speed

zuidi kaisan sudu
最低开伞速度　minimum opening speed

zuidi pingfei sudu
最低平飞速度　minimum level speed

zuidi shebei qingdan
最低设备清单
minimum equipment list (MMEL)

zuidi xiajiang gaodu
最低下降高度
minimum descent altitude

zuidi yunxing sudu
最低运行速度
minimum operating speed

zuihou jinjin
最后进近　final approach

zuihou jinjin dingweidian
最后进近定位点
final approach fix (FAF)

zuihou jinjin hangdao
最后进近航道　final approach course

zuijia pasheng jiaosudu
最佳爬升角速度
best angle-of-climb speed

zuijia xiahua sudu
最佳下滑速度　best glide speed

zuiyou feixing kongzhi
最优飞行控制　optimal flight control

zuiyou kongzhi moxing
最优控制模型　optimal control model

zuiyou kongzhi xitong sheji
最优控制系统设计
optimal controller system design

zuiyou zhidaolü
最优制导律　optimum guidance law

zuodongqi fudong guzhang
作动器浮动故障　actuator floating fault

zuodongqi guzhang
作动器故障　actuator fault

zuodongqi shixiao guzhang
作动器失效故障
loss of effectiveness actuator fault

zuodongqi suosi guzhang
作动器锁死故障　actuator locking fault

zuodongtong
作动筒　actuator

zuodong xitong
作动系统　actuation system

zuoye feixing gaodu
作业飞行高度
operational flight altitude

zuoye feixing shijian
作业飞行时间　operational flight time

zuoyong juli
作用距离　operating distance

参 考 文 献

[1] 全国航空器标准化技术委员会. 无人驾驶航空器系统术语 : GB/T 38152—2019 [S]. 北京 : 中国标准出版社 , 2019.

[2] 全国航空器标准化技术委员会. 民用无人驾驶航空器系统分类及分级 : GB/T 35018—2018[S]. 北京 : 中国标准出版社 , 2018.

[3] 国家军用标准－总装备部. 直升机术语 : GJB 3209—1998 [S]. 北京 : 国家军用标准－总装备部 , 1998.

[4] 中央军委装备发展部. 卫星导航定位系统术语 : GJB 8901—2017[S]. 北京 : 中央军委装备发展部 , 2017.

[5] 第三机械工业部. 航空产品技术名词术语（飞机、发动机、附件专业）: HB 0-85—1975[S]. 北京 : 第三机械工业部 , 1975.

[6] 凯尔斯，小迪克曼. 无人系统军事运筹学 [M]. 屈耀红，邢小军，赵金红，译. 北京 : 机械工业出版社 , 2021.

[7] 郭继峰，郑红星，贾涛，等. 异构无人系统协同作战关键技术综述 [J]. 宇航学报, 2020, 41(6): 686–696.

[8] 李云天，穆荣军，单永志. 无人系统视觉 SLAM 技术发展现状简析 [J]. 控制与决策 , 2021, 36(3): 513–522.

[9] 唐大全，鹿珂珂. 无人机导航与控制 [M]. 北京 : 北京航空航天大学出版社 , 2021.

[10] 严甲汉. 无人系统的自主导航技术研究与验证 [D]. 四川 : 电子科技大学 , 2018.

[11] SUN X, WANG G, FAN Y, et al. A formation autonomous navigation system for unmanned surface vehicles with distributed control strategy[J]. IEEE transactions on intelligent transportation systems, 2021, 22: 2834–2845.

[12] LIU S, LYU P, LAI J, et al. A fault-tolerant attitude estimation method for quadrotors based on analytical redundancy[J]. Aerospace Science and Technology, 2019, 93(10): 105290.1–105290.10.

[13] DONG X, HUA Y, ZHOU Y, et al. Theory and experiment on formation-containment control of multiple multirotor unmanned aerial vehicle systems[J]. IEEE Transactions on Automation Science and Engineering, 2018, 16(1): 229–240.

[14] ZENG Y, ZHANG R, LIM T J. Wireless communications with unmanned aerial vehicles: opportunities and challenges[J]. IEEE Communications Magazine, 2016, 54(5): 36–42.

[15] LYU P, LAI J, LIU J, et al. A thrust model aided fault diagnosis method for the altitude estimation of a quadrotor[J]. IEEE Transactions on Aerospace and Electronic Systems, 2017, 54(2): 1008–1019.

[16] SCHWARZROCK J, ZACARIAS I, BAZZAN A L C, et al. Solving task allocation problem in multi unmanned aerial vehicles systems using swarm intelligence[J]. Engineering Applications of Artificial Intelligence, 2018, 72: 10–20.

[17] SANTOSO F, GARRATT M A, ANAVATTI S G. State-of-the-art intelligent flight control systems in unmanned aerial vehicles[J]. IEEE Transactions on Automation Science and Engineering, 2017, 15(2): 613–627.

[18] LAI J, LYU P, LIU J, et al. Noncommutativity error analysis of strapdown inertial navigation system under the vibration in UAVs[J]. International Journal of Advanced Robotic Systems, 2012, 9(4): 136.

[19] KRÁTKÝ V, PETRÁČEK P, BÁČA T, et al. An autonomous unmanned aerial vehicle system for fast exploration of large complex indoor environments[J]. Journal of Field Robotics, 2021, 38(8): 1036–1058.

[20] VALAVANIS K P, VACHTSEVANOS G J. Handbook of unmanned aerial vehicles[M]. Dordrecht: Springer Netherlands, 2015.

[21] LYU P, LIU S, LAI J, et al. An analytical fault diagnosis method for yaw estimation of quadrotors [J]. Control Engineering Practice, 2019, 86(5): 118–128.

[22] CAI G, CHEN B M, LEE T H. Unmanned rotorcraft systems[M]. Springer Science & Business Media, 2011.

[23] AUSTIN R. Introduction to unmanned aircraft systems(UAS)[M]. John Wiley & Sons, Ltd, 2021.

[24] LYU P, BAI S, LAI J, et al. Optimal time difference-based TDCP-GPS/IMU navigation using graph optimization [J]. IEEE Transactions on Instrumentation and Measurement, 2023, 70(1): 940–950.

[25] CHEN J, SUN J, WANG G. From unmanned systems to autonomous intelligent

systems[J]. Engineering, 2022, 12: 16−19.

[26] POLVARA R, SHARMA S, WAN J, et al. Obstacle avoidance approaches for autonomous navigation of unmanned surface vehicles[J]. The Journal of Navigation, 2018, 71(1): 241−256.

[27] ARKIN R C. The case for ethical autonomy in unmanned systems[J]. Journal of Military Ethics, 2010, 9(4): 332−341.

[28] HORNUNG A, WURM K M, BENNEWITZ M, et al. OctoMap: an efficient probabilistic 3D mapping framework based on octrees[J]. Autonomous Robots, 2013, 34(3): 189−206.

[29] 吕品，季博文，赖际舟，等. 面向变化场景的 LiDAR 鲁棒定位与地图维护方法 [J]. 仪器仪表学报, 2022, 43(4): 291−301.

[30] SIVASHANGARAN S, ZHENG M. Intelligent autonomous navigation of car-like unmanned ground vehicle via deep reinforcement learning[J]. IFAC-PapersOnLine, 2021, 54: 218−225.

[31] 库玛尔，德雷姆. 英汉航空图解词典 [M]. 徐元铭，译. 北京：航空工业出版社，2009.

[32] 贺道德，周瑞琏. 新编英汉民用航空词典 [M]. 北京：中国民航出版社，1997.

[33] 吕跃进. 汉英航空发动机工程技术词典 [M]. 西安：西北工业大学出版社，2003.

[34] 英汉航空词典编写组. 英汉航空词典 [M]. 上海：商务印书馆，1983.

[35] 华人杰. 英汉航空航天新词典 [M]. 上海：上海科学普及出版社，1999.

[36] 蔡成仁. 英汉民用航空缩略语词典 [M]. 北京：科学出版社，2000.

[37] 王运. 新编英汉科技大词典 [M]. 北京：科学技术文献出版社，1988.

[38] 范洁川. 汉英德俄航空航天词典 [M]. 北京：航空工业出版社，1996.

[39]《中国航空百科词典》编辑部. 中国航空百科词典 [M]. 北京：航空工业出版社，2000.

[40] 南京理工大学. 汉英兵器科技大词典 [M]. 北京：兵器工业出版社，2004.

[41] 康占俊. 简明英汉军事装备词汇手册 [M]. 北京：国防工业出版社，2009.

[42] 贾启芬，刘习军. 机械与结构振动 [M]. 天津：天津大学出版社，2007.

[43] 朱孟华. 内燃机振动与噪声控制 [M]. 北京：国防工业出版社，1995.

[44] 张德丰. MATLAB 数值分析与应用 [M]. 2 版. 北京：国防工业出版社，2009.

[45] 李玉珍. 小型航空汽油发动机活塞的设计与研究 [J]. 机械科学与技术，2003(增刊 2):198−200.

[46] 鱼春燕．曲轴性能分析及其优化设计 [D]．镇江：江苏大学，2005．

[47] 贾锡印．内燃机的润滑与磨损 [M]．北京：国防工业出版社，1988．

[48] 叶晓明．活塞环组三维润滑数值模拟及其应用研究 [D]．武汉：华中科技大学，2004．

[49] 杨妙梁．汽车发动机与环境保护 [M]．北京：中国物资出版社，2001．

[50] 周龙保．内燃机学 [M]．2 版．北京：机械工业出版社，2010．

[51] 陈国栋，邢雷，赵明．国外航空发动机关键件定寿和延寿方法分析 [J]．航空发动机，2013，39(5):60−65．

[52] 张绍基．航空发动机控制系统的研发与展望 [J]．航空动力学报，2004，19(3): 375−382．

[53] 马麟．保障性设计分析与评价 [M]．北京：国防工业出版社，2012．

[54] 石君友．测试性设计分析与验证 [M]．北京：国防工业出版社，2011．

[55] 中国人民解放军总装备部．测试与诊断术语：GJB 3385—1998[S]．北京：总装备部军标出版发行部，1998．

[56] 派切特．产品可靠性、维修性及保障性手册 [M]．2 版．王军锋，陈云斌，周宪，等译．北京：机械工业出版社，2011．

[57] 胡政，杨定新，张士刚，等．航天器测试性设计技术 [M]．长沙：国防科技大学出版社，2018．

[58] 曾声奎．可靠性设计与分析 [M]．北京：国防工业出版社，2011．

[59] 曹晋华，程侃．可靠性数学引论 [M]．修订版．北京：高等教育出版社，2016．

[60] 康锐．可靠性维修性保障性工程基础 [M]．北京：国防工业出版社，2012．

[61] 中国人民解放军总装备部．可靠性维修性保障性术语：GJB 451A—2005[S]．北京：总装备部军标出版发行部，2005．

[62] 彭喜元，彭宇，刘大同．数据驱动的故障预测 [M]．哈尔滨：哈尔滨工业大学出版社，2016．

[63] 吕川．维修性设计分析与验证 [M]．北京：国防工业出版社，2012．

[64] 李正．无人机后勤保障 [M]．西安：西北工业大学出版社，2018．

[65] 刘小雄，章卫国，李广文，等．无人机健康管理 [M]．西安：西北工业大学出版社，2020．

[66] 瓦拉瓦尼斯，瓦克塞万诺斯．无人机手册：第 2 卷 [M]．王俊彪，唐志华，祝小平，等译．北京：国防工业出版社，2021．

[67] 瓦拉瓦尼斯，瓦克塞万诺斯．无人机手册：第 5 卷 [M]．姜梁，闫玉，马静谨，等译．北京：国防工业出版社，2021．

[68] 中国人民解放军总装备部 . 装备安全性工作通用要求：GJB 900A—2012[S]. 北京：总装备部军标出版发行部，2012.

[69] 中国人民解放军总装备部 . 装备测试性工作通用要求：GJB 2547A—2012[S]. 北京：总装备部军标出版发行部，2012.

[70] 邱静，刘冠军，杨鹏，等 . 装备测试性建模与设计技术 [M]. 北京：科学出版社，2012.

[71] 中国人民解放军总装备部 . 装备可靠性工作通用要求：GJB 450A—2004[S]. 北京：总装备部军标出版发行部，2004.

[72] 中国人民解放军总装备部 . 装备维修性工作通用要求：GJB 368B—2009[S]. 北京：总装备部军标出版发行部，2009.

[73] 中航工业总公司 . 飞控计算机通用规范：GJB 2023—1994[S]. 北京：国防科学技术工业委员会，1994.

[74] 中国人民解放军总装备部 . 机载电子设备通用指南：GJB/Z 457—2006.2[S]. 北京：总装备部军标出版发行部，2006.